U0259973

清华大学优秀博士学位论文丛书

多尺度级联场增强金属纳米结构的构筑和性能研究

朱振东 著 Zhu Zhendong

Construction and Properties of
Multiscale Metallic Nanostructures with
Cascaded Field Enhancement

清华大学出版社

北 京

内 容 简 介

本文针对两种典型的多尺度体系开展研究,以多尺度结构的低成本、大面积制备为研究重点,以室温纳米压印和多参数刻蚀为主导,研究多尺度结构制备中的若干共性工艺难题,实现了最小关键尺寸的三维金属纳米结构的高质量、稳定可控的制备。

图书在版编目(CIP)数据

多尺度级联场增强金属纳米结构的构筑和性能研究/朱振东著. —北京:清华大学出版社,2018

(清华大学优秀博士学位论文丛书)

ISBN 978-7-302-51505-0

Ⅰ. ①多…　Ⅱ. ①朱…　Ⅲ. ①级联－增强材料－金属材料－纳米技术－研究
Ⅳ. ①TB383

中国版本图书馆 CIP 数据核字(2018)第 250574 号

责任编辑:陈朝晖
封面设计:傅瑞学
责任校对:王淑云
责任印制:宋　林

出版发行:清华大学出版社
　　　　　　网　　　址:http://www.tup.com.cn,　http://www.wqbook.com
　　　　　　地　　　址:北京清华大学学研大厦 A 座　　邮　编:100084
　　　　　　社 总 机:010-62770175　　　　　　　　邮　购:010-62786544
　　　　　　投稿与读者服务:010-62776969,c-service@tup.tsinghua.edu.cn
　　　　　　质量反馈:010-62772015,zhiliang@tup.tsinghua.edu.cn
印 装 者:三河市铭诚印务有限公司
经　　　销:全国新华书店
开　　　本:155mm×235mm　　　**印　张:**8　　　**字　数:**134 千字
版　　　次:2018 年 12 月第 1 版　　　　　　　**印　次:**2018 年 12 月第 1 次印刷
定　　　价:69.00 元

产品编号:073239-01

一流博士生教育
体现一流大学人才培养的高度(代丛书序)^①

人才培养是大学的根本任务。只有培养出一流人才的高校,才能够成为世界一流大学。本科教育是培养一流人才最重要的基础,是一流大学的底色,体现了学校的传统和特色。博士生教育是学历教育的最高层次,体现出一所大学人才培养的高度,代表着一个国家的人才培养水平。清华大学正在全面推进综合改革,深化教育教学改革,探索建立完善的博士生选拔培养机制,不断提升博士生培养质量。

学术精神的培养是博士生教育的根本

学术精神是大学精神的重要组成部分,是学者与学术群体在学术活动中坚守的价值准则。大学对学术精神的追求,反映了一所大学对学术的重视、对真理的热爱和对功利性目标的摒弃。博士生教育要培养有志于追求学术的人,其根本在于学术精神的培养。

无论古今中外,博士这一称号都是和学问、学术紧密联系在一起,和知识探索密切相关。我国的博士一词起源于2000多年前的战国时期,是一种学官名。博士任职者负责保管文献档案、编撰著述,须知识渊博并负有传授学问的职责。东汉学者应劭在《汉官仪》中写道:"博者,通博古今;士者,辩于然否。"后来,人们逐渐把精通某种职业的专门人才称为博士。博士作为一种学位,最早产生于12世纪,最初它是加入教师行会的一种资格证书。19世纪初,德国柏林大学成立,其哲学院取代了以往神学院在大学中的地位,在大学发展的历史上首次产生了由哲学院授予的哲学博士学位,并赋予了哲学博士深层次的教育内涵,即推崇学术自由、创造新知识。哲学博士的设立标志着现代博士生教育的开端,博士则被定义为独立从事学术研究、具备创造新知识能力的人,是学术精神的传承者和光大者。

---

① 本文首发于《光明日报》,2017年12月5日。

博士生学习期间是培养学术精神最重要的阶段。博士生需要接受严谨的学术训练,开展深入的学术研究,并通过发表学术论文、参与学术活动及博士论文答辩等环节,证明自身的学术能力。更重要的是,博士生要培养学术志趣,把对学术的热爱融入生命之中,把捍卫真理作为毕生的追求。博士生更要学会如何面对干扰和诱惑,远离功利,保持安静、从容的心态。学术精神特别是其中所蕴含的科学理性精神、学术奉献精神不仅对博士生未来的学术事业至关重要,对博士生一生的发展都大有裨益。

独创性和批判性思维是博士生最重要的素质

博士生需要具备很多素质,包括逻辑推理、言语表达、沟通协作等,但是最重要的素质是独创性和批判性思维。

学术重视传承,但更看重突破和创新。博士生作为学术事业的后备力量,要立志于追求独创性。独创意味着独立和创造,没有独立精神,往往很难产生创造性的成果。1929 年 6 月 3 日,在清华大学国学院导师王国维逝世二周年之际,国学院师生为纪念这位杰出的学者,募款修造"海宁王静安先生纪念碑",同为国学院导师的陈寅恪先生撰写了碑铭,其中写道:"先生之著述,或有时而不章;先生之学说,或有时而可商;惟此独立之精神,自由之思想,历千万祀,与天壤而同久,共三光而永光。"这是对于一位学者的极高评价。中国著名的史学家、文学家司马迁所讲的"究天人之际、通古今之变,成一家之言"也是强调要在古今贯通中形成自己独立的见解,并努力达到新的高度。博士生应该以"独立之精神、自由之思想"来要求自己,不断创造新的学术成果。

诺贝尔物理学奖获得者杨振宁先生曾在 20 世纪 80 年代初对到访纽约州立大学石溪分校的 90 多名中国学生、学者提出:"独创性是科学工作者最重要的素质。"杨先生主张做研究的人一定要有独创的精神、独到的见解和独立研究的能力。在科技如此发达的今天,学术上的独创性变得越来越难,也愈加珍贵和重要。博士生要树立敢为天下先的志向,在独创性上下功夫,勇于挑战最前沿的科学问题。

批判性思维是一种遵循逻辑规则、不断质疑和反省的思维方式,具有批判性思维的人勇于挑战自己、敢于挑战权威。批判性思维的缺乏往往被认为是中国学生特有的弱项,也是我们在博士生培养方面存在的一个普遍问题。2001 年,美国卡内基基金会开展了一项"卡内基博士生教育创新计划",针对博士生教育进行调研,并发布了研究报告。该报告指出:在美国和欧洲,培养学生保持批判而质疑的眼光看待自己、同行和导师的观点同样非常不容易,批判性思维的培养必须要成为博士生培养项目的组成部分。

对于博士生而言,批判性思维的养成要从如何面对权威开始。为了鼓励学生质疑学术权威、挑战现有学术范式,培养学生的挑战精神和创新能力,清华大学在2013年发起"巅峰对话",由学生自主邀请各学科领域具有国际影响力的学术大师与清华学生同台对话。该活动迄今已经举办了21期,先后邀请17位诺贝尔奖、3位图灵奖、1位菲尔兹奖获得者参与对话。诺贝尔化学奖得主巴里·夏普莱斯(Barry Sharpless)在2013年11月来清华参加"巅峰对话"时,对于清华学生的质疑精神印象深刻。他在接受媒体采访时谈道:"清华的学生无所畏惧,请原谅我的措辞,但他们真的很有胆量。"这是我听到的对清华学生的最高评价,博士生就应该具备这样的勇气和能力。培养批判性思维更难的一层是要有勇气不断否定自己,有一种不断超越自己的精神。爱因斯坦说:"在真理的认识方面,任何以权威自居的人,必将在上帝的嬉笑中垮台。"这句名言应该成为每一位从事学术研究的博士生的箴言。

提高博士生培养质量有赖于构建全方位的博士生教育体系

一流的博士生教育要有一流的教育理念,需要构建全方位的教育体系,把教育理念落实到博士生培养的各个环节中。

在博士生选拔方面,不能简单按考分录取,而是要侧重评价学术志趣和创新潜力。知识结构固然重要,但学术志趣和创新潜力更关键,考分不能完全反映学生的学术潜质。清华大学在经过多年试点探索的基础上,于2016年开始全面实行博士生招生"申请-审核"制,从原来的按照考试分数招收博士生转变为按科研创新能力、专业学术潜质招收,并给予院系、学科、导师更大的自主权。《清华大学"申请-审核"制实施办法》明晰了导师和院系在考核、遴选和推荐上的权利和职责,同时确定了规范的流程及监管要求。

在博士生指导教师资格确认方面,不能论资排辈,要更看重教师的学术活力及研究工作的前沿性。博士生教育质量的提升关键在于教师,要让更多、更优秀的教师参与到博士生教育中来。清华大学从2009年开始探索将博士生导师评定权下放到各学位评定分委员会,允许评聘一部分优秀副教授担任博士生导师。近年来学校在推进教师人事制度改革过程中,明确教研系列助理教授可以独立指导博士生,让富有创造活力的青年教师指导优秀的青年学生,师生相互促进、共同成长。

　　在促进博士生交流方面,要努力突破学科领域的界限,注重搭建跨学科的平台。跨学科交流是激发博士生学术创造力的重要途径,博士生要努力提升在交叉学科领域开展科研工作的能力。清华大学于 2014 年创办了"微沙龙"平台,同学们可以通过微信平台随时发布学术话题、寻觅学术伙伴。3年来,博士生参与和发起"微沙龙"12000 多场,参与博士生达 38000 多人次。"微沙龙"促进了不同学科学生之间的思想碰撞,激发了同学们的学术志趣。清华于 2002 年创办了博士生论坛,论坛由同学自己组织,师生共同参与。博士生论坛持续举办了 500 期,开展了 18000 多场学术报告,切实起到了师生互动、教学相长、学科交融、促进交流的作用。学校积极资助博士生到世界一流大学开展交流与合作研究,超过 60% 的博士生有海外访学经历。清华于 2011 年设立了发展中国家博士生项目,鼓励学生到发展中国家亲身体验和调研,在全球化背景下研究发展中国家的各类问题。

　　在博士学位评定方面,权力要进一步下放,学术判断应该由各领域的学者来负责。院系二级学术单位应该在评定博士论文水平上拥有更多的权力,也应担负更多的责任。清华大学从 2015 年开始把学位论文的评审职责授权给各学位评定分委员会,学位论文质量和学位评审过程主要由各学位分委员会进行把关,校学位委员会负责学位管理整体工作,负责制度建设和争议事项处理。

　　全面提高人才培养能力是建设世界一流大学的核心。博士生培养质量的提升是大学办学质量提升的重要标志。我们要高度重视、充分发挥博士生教育的战略性、引领性作用,面向世界、勇于进取,树立自信、保持特色,不断推动一流大学的人才培养迈向新的高度。

清华大学校长

2017 年 12 月

丛书序二

以学术型人才培养为主的博士生教育，肩负着培养具有国际竞争力的高层次学术创新人才的重任，是国家发展战略的重要组成部分，是清华大学人才培养的重中之重。

作为首批设立研究生院的高校，清华大学自 20 世纪 80 年代初开始，立足国家和社会需要，结合校内实际情况，不断推动博士生教育改革。为了提供适宜博士生成长的学术环境，我校一方面不断地营造浓厚的学术氛围，一方面大力推动培养模式创新探索。我校已多年运行一系列博士生培养专项基金和特色项目，激励博士生潜心学术、锐意创新，提升博士生的国际视野，倡导跨学科研究与交流，不断提升博士生培养质量。

博士生是最具创造力的学术研究新生力量，思维活跃，求真求实。他们在导师的指导下进入本领域研究前沿，吸取本领域最新的研究成果，拓宽人类的认知边界，不断取得创新性成果。这套优秀博士学位论文丛书，不仅是我校博士生研究工作前沿成果的体现，也是我校博士生学术精神传承和光大的体现。

这套丛书的每一篇论文均来自学校新近每年评选的校级优秀博士学位论文。为了鼓励创新，激励优秀的博士生脱颖而出，同时激励导师悉心指导，我校评选校级优秀博士学位论文已有 20 多年。评选出的优秀博士学位论文代表了我校各学科最优秀的博士学位论文的水平。为了传播优秀的博士学位论文成果，更好地推动学术交流与学科建设，促进博士生未来发展和成长，清华大学研究生院与清华大学出版社合作出版这些优秀的博士学位论文。

感谢清华大学出版社，悉心地为每位作者提供专业、细致的写作和出版指导，使这些博士论文以专著方式呈现在读者面前，促进了这些最新的优秀研究成果的快速广泛传播。相信本套丛书的出版可以为国内外各相关领域或交叉领域的在读研究生和科研人员提供有益的参考，为相关学科领域的发展和优秀科研成果的转化起到积极的推动作用。

感谢丛书作者的导师们。这些优秀的博士学位论文,从选题、研究到成文,离不开导师的精心指导。我校优秀的师生导学传统,成就了一项项优秀的研究成果,成就了一大批青年学者,也成就了清华的学术研究。感谢导师们为每篇论文精心撰写序言,帮助读者更好地理解论文。

感谢丛书的作者们。他们优秀的学术成果,连同鲜活的思想、创新的精神、严谨的学风,都为致力于学术研究的后来者树立了榜样。他们本着精益求精的精神,对论文进行了细致的修改完善,使之在具备科学性、前沿性的同时,更具系统性和可读性。

这套丛书涵盖清华众多学科,从论文的选题能够感受到作者们积极参与国家重大战略、社会发展问题、新兴产业创新等的研究热情,能够感受到作者们的国际视野和人文情怀。相信这些年轻作者们勇于承担学术创新重任的社会责任感能够感染和带动越来越多的博士生们,将论文书写在祖国的大地上。

祝愿丛书的作者们、读者们和所有从事学术研究的同行们在未来的道路上坚持梦想,百折不挠! 在服务国家、奉献社会和造福人类的事业中不断创新,做新时代的引领者。

相信每一位读者在阅读这一本本学术著作的时候,在吸取学术创新成果、享受学术之美的同时,能够将其中所蕴含的科学理性精神和学术奉献精神传播和发扬出去。

清华大学研究生院院长

2018 年 1 月

摘　要

金属纳米结构中的局域表面等离激元共振(Localized Surface Plasmon Resonance，LSPR)可使入射光场被耦合并局域到纳米空间内，产生显著的局域电磁场增强(即"场热点")，从而增强纳米结构表面的光与物质相互作用。通过对纳米结构的设计，可以对其近场热点和远场光谱特性进行调控，这在生化传感、发光和光伏器件、超分辨成像等众多领域有重要的理论和应用意义。然而，简单几何构型的金属纳米结构对近远场光学性质的调控能力是有限的。本文以表面等离激元模式杂化原理和级联场增强原理为理论指导，设计构筑可对近远场特性进行深度调控的多尺度金属纳米结构，通过控制 LSPR 模式之间或 LSPR 模式与其他共振模式间的耦合杂化以及多尺度结构中场热点的级联会聚，在给定的激发波长下产生强烈的共振，同时在期望的空间位置获得高增强因子的场热点。

论文针对两种典型的多尺度体系开展研究。一是以 M 光栅为例，通过调控双 V 型槽构成的不同 LSPR 模式间的强耦合，实现共振模式的杂化以及场热点的级联会聚；二是以"金碗-金豆"纳米天线阵列为例，通过调控 LSPR 暗模与腔模式亮模间的耦合杂化，在设计波长处产生强烈的法诺共振，并通过级联场增强产生极强的场热点。论文对其中的模式杂化和级联场增强物理机制进行了深入分析，研究了结构几何构型对其光学特性的影响和调控关系，并基于纳米加工工艺的研究成功制备了两种多尺度结构，对其近远场特性进行了测量表征和验证。

多尺度金属纳米结构的制备面临着极限尺寸难于控制、结构的大面积和均匀性难于保证、制备成本高昂、不易复制等关键难题和挑战，严重阻碍了其光学特性实现和实用化。因此，本文以多尺度结构的低成本、大面积制备为研究重点，以室温纳米压印和多参数刻蚀为主导，研究多尺度结构制备中的若干共性工艺难题，实现了最小关键尺寸的三维金属纳米结构的高质量、稳定可控的制备。

最后，面向实际应用，本文将制备的两种多尺度金属纳米结构用作表面增强拉曼散射(Surface Enhanced Raman Scattering，SERS)衬底，在 SERS 实验中获得了 $10^7 \sim 10^8$ 以上的高增强因子和 $0.02\mu M/L$ 超低浓度检测下限，验证了其显著增强的光与物质相互作用，且这种衬底具有低成本、大面积、易复制、可重复使用等优点，展示了其优异的性能和应用潜力。

　　关键词：表面等离激元；级联场增强；金属纳米结构；表面增强拉曼散射；纳米压印

Abstract

Metallic nanostructures sustaining localized surface plasmon resonance (LSPR) can squeeze the incident light field into nanoscale volumes and generate extremely enhanced localized electromagnetic fields (namely, the field "hot spots"), by which the light-matter interaction on the surfaces of nanostructures can be greatly enhanced. By design the nanostructures, both the near-field hot spots and the far-field resonance spectra can be manipulated, which form the bases for many applications such as biosensing, photoluminescent and photovoltaic devices, and super-resolution imaging. However, the tunability of the optical properties of metallic nanostructures with simple geometries is quite limited. In this dissertation, we focus on the topic of constructing multiscale metallic nanostructures with large tunability of their near-field and far-field properties, by employing the principles of Plasmonic Mode Hybridization (PMH) and the Cascaded Field Enhancement (CFE). By controlling the coupling and hybridization of LSPR modes or LSPR modes with other resonance modes and utilizing the CFE of field hot spots in multiscale nanostructures, strong resonance can be generated at the target wavelength and extremely strong field hot spots can be generated at expected spatial positions.

In this dissertation, two typical multiscale systems are studied. One system, by taking an M-shaped nanograting as example, realizes strong PMH and CFE by controlling the coupling between different LSPR modes supported in two V-shaped nanogrooves with different sizes. The other system, by taking a nanoparticle-in-cavity (PIC) nanoantenna array as example, generates strong Fano resonance at a target wavelength and sustains strong hot spots via CFE, by controlling the coupling between a

LSPR dark mode and a cavity bright mode. Detailed studies are conducted on the parameter design and optimization of the two structures, the analyses of the underlying physical mechanisms of PMH and CFE, and the dependence of the optical properties on the geometrical features. Futhermore, by utilizing the developed fabrication method in this work, the two proposed multiscale nanostructures are successfully fabricated. Their near-field and far-field properties are also characterized and verified.

There are some key challenges in the fabrication of the above mentioned multiscale metallic nanostructures, such as the precise control of the critical dimensions, the quality control of the large-area uniformity of the structures, the high cost and low throughput, and the poor replicability. These challenges have severely blocked the realization of these high-performance multiscale structures as well as their practical applications. Therefore, it is another important goal of the dissertation to explore the low-cost, large-area, and highly stable fabrication of the multiscale nanostructures. A fabrication method based on room-temperature nanoimprinting lithography and multi-parameter anisotropic reactive ion etching is developed, by solving several key problems in the fabrication of the multiscale structures. With this method, high-quality multiscale metallic nanostructures with critical dimensions as small as tens of nanometers can be readily manufactured.

Finally, aiming at practical applications, the two types of multiscale nanostructures are used as active substrates for surface enhanced Raman spectroscopy (SERS). High SERS sensitivity with an enhancement factor larger than $10^7 \sim 10^8$ and very low molecule concentration detection limit of $0.02 \mu M$ are achieved in the SERS experiments, which verify the remarkably enhanced light-matter interaction. Moreover, since the nanostructures have many advantages such as the low cost, large area, replicability, and reusability, they have great potential in applications.

Key words: surface plasmon; cascaded field enhancement; metallic nanostructure; surface enhanced Raman scattering; nanoimprinting lithography

主要符号对照表

CFE	级联场增强(cascaded field enhancement)
EBL	电子束光刻(electron beam lithography)
FIB	聚焦离子束(focused ion beam)
HSQ	硅水化合物(hydrogen silsesquioxane)
PMH	等离激元模式杂化(plasmon mode hybridization)
LSPR	局域表面等离激元共振(localized surface plasmon resonance)
LSP	局域表面等离激元(localized surface plasmon)
NIL	纳米压印(nanoimprinting lithography)
SNOM	近场扫描光学显微镜(scanning near-field optical microscopy)
SEM	扫描电子显微镜(scanning electron microscope)
PML	完美匹配层(perfect matching layer)
RIE	反应性等离子刻蚀(reactive ion etching)
RT-NIL	室温纳米压印(room-temperature nanoimprinting lithography)
SERS	表面增强拉曼散射(surface enhanced Raman scattering)
NSL	纳米球刻蚀(nanosphere lithography)
ENC	纳米碗(empty nanocavity)
PIC	纳米碗-纳米豆(particle-in-nanocavity)

目　录

第1章 绪 论

1.1 表面等离激元光学概述

表面等离激元光学(Plasmonics)[1-3]是近年来快速发展起来的纳米光学领域的一个前沿分支,通过研究光与金属微纳结构中表面等离激元(Surface Plasmon)的相互作用,实现纳米尺度上对光场,及光与物质相互作用的研究、操纵和利用。

金属内部和表面存在大量的自由电荷,在入射光场的作用下,由束缚在金属表面的自由电荷构成的电子云与金属离子(原子去掉外层电子后所剩余部分)会发生相对位移,且在库仑引力(回复力)作用下产生往复振荡,这种由光子激发的表面电荷集体振荡称为表面等离激元[2]。表面等离激元被紧紧束缚于金属-介质界面上,在连续延伸的金属表面形成可传播的表面波,这种表面波称为 Surface Plasmon Polariton(SPP),如图 1.1(a)所示;而在封闭的金属(如金属纳米颗粒)表面上,表面等离激元无法自由传播,只能相对于金属离子产生简谐振荡,称为局域表面等离激元(Localized Surface Plasmon,LSP)[1-3],如图 1.1(b)所示,且 LSP 振荡在共振频率时达到最强,称为局域表面等离激元共振(Localized Surface Plasmon Resonance,LSPR)[4]。

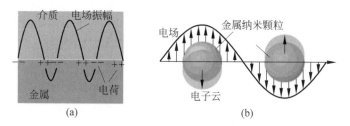

(a)　　　　　　　　　　(b)

图 1.1 金属-介质界面上产生的表面等离激元示意图

(a)连续延伸的金属表面上的 SPP 表面波;(b)金属纳米颗粒表面的 LSPR[5]。[根据 ACS 文献[5]绘制]

当 LSPR 发生时,入射光场与金属纳米结构中的 LSP 作用最强烈,从而对结构的近远场特性产生显著影响。具体表现在远场特性上,结构的透射、反射、散射或吸收光谱通常会表现出明显的共振峰或谷[1,2,6],如图 1.2(a)所示[6]。近场特性上,会在纳米结构周围产生强烈的场局域,即电磁场被聚集在极小的空间区域内并得到数倍于入射场强度的增强(因此这些增强区域也称为场"热点")[1,2,6],如图 1.2(b)所示,这种近场热点的分布和增强显著依赖于纳米颗粒的几何形状、尺寸及相互之间的间隙等[1,2],基于金属纳米结构的 LSPR 性质[6],可通过场热点增强光与物质的相互作用,产生很多重要的应用[7-12]。如超分辨荧光成像(Super-resolution Fluorensce Imaging)[13-16]、增强光学非线性效应[17-21]、增强光能吸收[22-24]、增强光电转换效率[25-27]、表面增强拉曼散射(Surface Enhanced Sacttering,SERS)[28-34]、高灵敏度折射率传感[35-37]、增强光的辐射效率[38-41]、增强发光二极管的荧光效率[42-45]等,这些都是当前的研究热点和重要应用领域[46-49]。

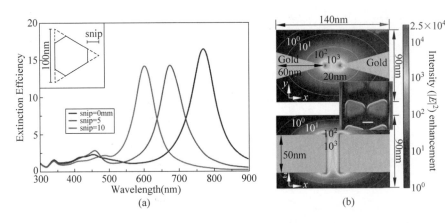

图 1.2   LSPR 对金属纳米结构近远场特性的影响

(a) 一种金属纳米颗粒的远场消光光谱中表现出明显的与颗粒几何尺寸相关的 LSPR 共振峰[5] [已获得 ACS 文献[5]的使用许可];(b) 金属纳米颗粒之间的纳米间隙中产生的近场局域场热点增强[20]。

表面等离激元金属纳米结构的远场共振光谱特性和近场增强特性是诸多应用的物理基础,且这两方面存在着内在联系,是其结构设计和性能调控的着力点[1-6,50-56]。金属纳米结构中的 SPP 和 LSP 受金属材料性质、纳米结构形貌、尺寸、形状、及周围介质环境的影响很大[57-60],表现在远场光谱上,会使共振峰波长、强度、品质因子等产生改变[61-64];在近场增强上,使场热点的空间分布、增强因子等产生变化[65-70]。因此,本章接下来将首先从表面等离激元纳米结构的近场增强特性和远场光谱特性这两方面介绍研究现状,之后提出本文的研究问题和研究目标。

1.2　金属纳米结构的近远场特性及其调控

1.2.1　金属纳米结构的近远场光学特性

表面等离激元金属纳米结构中产生的场热点具有高度空间场局域和场增强的特点[44,45,71-73]。根据金属的电磁特性可知,局域在其表面的电磁场的空间延伸长度一般不超过其波长量级。但场局域的最小尺寸却没有下限制约,这是因为相对于自由空间的电磁波而言,负载光能量的表面等离激元是不受光学衍射极限限制的[15,46-48]。因此,在表面等离激元作用下,光能量可以被局限在极小的空间区域内,局域空间大小主要取决于金属纳米结构的极限尺寸,可以小到几纳米,即金属中自由电子的朗道阻尼尺寸 $v_F/\omega\sim$ 1nm,其中 v_F 是电子在费米面的群速度,ω 是光频率。在实际的结构中,光能量常被局域在金属纳米结构的小间隙内或小的尖点附近,如纳米槽、纳米尖点、纳米凸起[6,28,41-45]等,使这些空间区域中的局域场获得高出入射场振幅几个数量级的增强[49-51,74-77]。图 1.3(a)给出了一个圆锥形金属纳米针尖的场热点局域和增强的例子,可见针尖附近产生了最强的场热点[49-51];

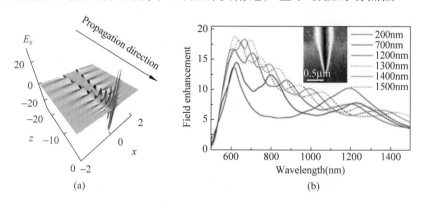

(a)　　　　　　　　　　　　　　　　(b)

图 1.3　LSPR 导致的场热点局域和增强

(a) 一种圆锥形金属针尖上产生的场热点局域和增强[50];(b) 一种金属纳米 V 型槽的开口间隙导致的远场光谱的变化[74]。[已获得 ACS 文献[74]的使用许可]

图 1.3(b)是一个金属纳米 V 型槽的例子,同样可以在纳米槽中实现场热点局域和增强,且其增强因子与结构的共振特性是紧密相关的(可在光谱中看到随 V 型槽结构变化的 LSPR 峰)。

场热点的调控与金属纳米结构的远场光谱特性是紧密联系的[61,76-78]。金属纳米结构对光场的吸收和散射作用在原理上类似于传统微波天线对电磁波的作用,因此一些具有特殊几何构型的金属纳米颗粒也被称为光学纳米天线。当 LSPR 发生时,金属纳米结构的远场光谱通常会变现出明显的共振、散射或吸收峰[5,6,28,41-45],如图 1.2(a)所示。因此,通过合理的结构设计,可以通过对纳米结构近场特性的调控,影响其远场辐射,如调控共振峰频率和品质因子等[1-6]。反过来,通过对共振峰的调控,又可以影响场热点生成的共振频率及空间分布等,使入射场可以在特定激发波长下局域在特定的空间位置,如纳米间隙[79-82],纳米针尖[83-85]中。针尖状金属纳米天线已经在应用中已经发挥了重要作用,例如它可用作扫描近场光学显微镜(Scanning Near-field Optical Microscope,SNOM)的探针,捕获和探测微弱的近场光学信号[6,85-87]。

金属纳米结构中由 LSPR 导致的近场远场特性受其尺寸、形状、界面、组成材料等因素作用很敏感[22,23,26,63,64]。如图 1.2(a)和图 1.3(b)所示。因此,可以通过对这些结构因素的控制[61,76-78],对场热点的空间分布和增强因子进行调控[52],从而调控光与邻近物质的相互作用[53-56],实现对光的散射[57-62]、吸收[22,23,63,65]、荧光辐射[18,56-66]、非线性效应[21,67-70]、能量捕获[71-73]等过程的增强及相关的重要应用。例如,在图 1.3(b)中,通过控制金属纳米 V 型槽的开口间隙,就可以灵活调控其 LSPR 特性(由远场光谱的共振峰变化可以看出),同时有效控制近场热点的生成和分布[74]。因此,这类可调控场热点特征的 LSPR 金属纳米结构通常可以用作高灵敏度的生化传感器件[62],如折射率传感单元和 SERS 衬底[6,28]。此外,还可以通过合理设计使金属纳米天线阵列的出射光辐射方向、相位、振幅、偏振等产生预期的改变,从而对出射光场进行深度调控[35,37,88-90]。

基于以上特性,表面等离激元金属纳米结构表现出很多优异的光学性能,从而导致很多新现象、新功能和新应用,因此对表面等离激元金属纳米结构的近远场特性的调控及应用的研究,有着重要的理论意义和应用价值,是当前表面等离激元光学的研究重点[91,92]。当前各种应用中,对光与物质相互作用的增强及深度调控需求越来越高,例如在食品安全领域的有机物残留检测中,需要向单分子量级的痕量检测方向发展,从而对 SERS 衬底的场增强特性提出了更高要求。然而,对简单几何构型的金属纳米颗粒的 LSPR 特性的调控手段和调控效果都很有限[5,76]。例如,通过改变球形金纳米颗粒的大小来改变 LSPR 共振峰时,颗粒的直径从 10nm 增加到 120nm 所对应的消光光谱 LSPR 共振峰从 530nm 移动到 600nm 左右,调整范围很有限,如图 1.4(a)所示,且共振峰的品质因子(峰宽)几乎无法调整,同时颗粒周围的局域场热点分布和强度变化也很小[93-96]。

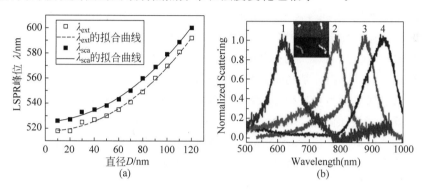

图 1.4　金属纳米球的直径和聚合态的变化对 LSPR 共振特性的影响

(a) 金属纳米球的直径变化导致的远场消光光谱和散射光谱中 LSPR 峰位的变化[95,96];(b) 不同数目的金属纳米颗粒组成的纳米颗粒链的散射光谱中共振峰的变化[76]。[已获得 OSA 文献[95]、RSC 文献[76]的使用许可]

　　为了实现对 LSPR 特性及场热点的深度调控,一个重要途径是通过在复杂结构中产生丰富的共振模式并使其产生强烈的相互耦合(因此也称为强耦合体系[59,61,62,76]),从而生成新的共振模式,并对其共振频率、品质因子、场热点局域特性等进行深度调控。例如,在圆环与圆盘构成的对称性破缺纳米结构中,通过使纳米圆盘的 LSPR 模式与圆环的高阶腔模式之间耦合而产生法诺共振,可以生成极窄线宽的 LSPR 共振峰,用于高灵敏度折射率传感。再比如在图 1.4(b)所示的由球形金属纳米颗粒组成的纳米颗粒链中,尽管每个纳米球的 LSPR 模式很单一且可调控的余地很有限,但通过将这些纳米球组成密排的二聚体、三聚体等复杂结构,可以生成新的 LSPR 模式,实现对其远场光谱和近场热点分布的深度调控,从而使其灵敏度和品质因子显著提高[59,61,62,76]。这种模式耦合现象可以用表面等离激元模式杂化(Plasmon Mode Hybridization,PMH)理论来描述[97-99](详见 1.2.2 节),从而指导复杂金属纳米结构的几何面型、尺寸、结构的空间排布方式及周围介电环境等的设计[56,59,61,62,76]。

另一方面,通过多尺度结构的设计和构筑,使不同尺寸的纳米结构相互嵌套或组合,可以借助于多种模式的共振耦合实现光能量的级联会聚和高效转移,从而使场热点在期望的入射光频率下被有效激发并局域到所需的空间区域内,实现对场热点空间分布的有效控制,这一思想可用表面等离激元级联场增强(Cascaded Field Enhancement,CFE)原理来描述[50,100-102],也是设计复杂金属纳米结构的另一种重要原理和方法。

综上所述,表面等离激元金属纳米结构表现出独特的近远场特性。为了对其共振特性进行深度调控,需要构筑多尺度复杂金属纳米结构,对这类结构的构筑原理、方法、共振调控机理、加工制备工艺、以及应用特性的研究是当前表面等离激元学的研究热点。本文以表面等离激元模式杂化原理和级联场增强原理为理论指导,通过对多尺度表面等离激元纳米结构的构筑和制备,实现表面等离激元模式杂化和强耦合,从而对其远场共振和近场热点局域进行深度调控,实现对光与物质相互作用的增强。下面,将分别对表面等离激元模式杂化原理和级联场增强原理及其研究现状进行综述介绍。

1.2.2　表面等离激元模式杂化原理

2003 年,Nordlander 和 Halas 等人最早系统地提出了表面等离激元模式杂化理论[97-99],用以描述复杂的表面等离激元金属纳米结构中的模式耦合和相互作用。他们指出,表面等离激元的模式杂化行为非常类似于单电子原子系统和分子轨道系统中的电子波函数耦合和解耦合过程[103],因此可用类似于分子轨道理论的方法分析复杂几何构型的金属纳米结构的表面等离激元响应和模式杂化现象[97-99]。例如,图 1.5 给出了一种多层壳体金属纳米结构中的 LSPR 模式杂化过程,不同半径的金属壳体都有其本征 LSPR 模式($|\omega_{-,NS1}\rangle$、$|\omega_{+,NS1}\rangle$、$|\omega_{-,NS2}\rangle$和$|\omega_{+,NS2}\rangle$),通过将这些壳体嵌套在一起,会导致各 LSPR 模式之间产生强耦合,从而产生新的 LSPR 模式(如,$|\omega_{+,a}^{+}\rangle$、$|\omega_{+,a}^{-}\rangle$、$|\omega_{-,a}^{+}\rangle$和$|\omega_{-,a}^{-}\rangle$),如图 1.5(b)所示。其结果是对纳米结构的近远场特性产生了显著的影响,如图 1.5(c)中所示模式杂化对其共振峰位置的调控。可见,基于模式杂化理论可以清晰直观地分析复杂几何构型的金属纳米结构中的本征模式及其杂化过程,这对于理解复杂几何构型金属纳米颗粒及其组合体的光学响应、对其近远场特性进行调控、进而设计优化具有特殊光学性质的纳米器件提供了重要的思想基础和理论指导[97-99]。

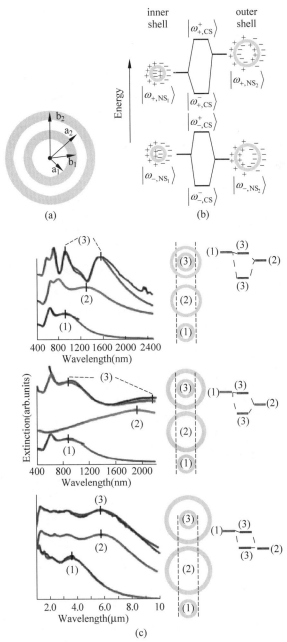

图 1.5　基于表面等离激元模式杂化原理分析多层壳体金属纳米结构中的 LSPR 模式杂化

(a) 一种多层壳体金属纳米结构示意图；(b) 结构中各个壳体的本征 LSPR 模式对应的能级及其杂化；(c) LSPR 模式杂化对远场光谱的影响[97-99]。

下面,我们以最简单的表面等离激元模式杂化体系——金属纳米颗粒二聚体为例,来详细解释模式杂化的机理[56, 99, 104-106]。如图 1.6(a)所示,在两个球形金属纳米颗粒组成的二聚体系统中,当入射光的偏振方向沿二聚体轴线方向时,两个纳米颗粒的 LSPR 模式间产生强烈的相互耦合。根据模式杂化理论,单个金属纳米颗粒的受激 LSPR 可以理解为偶极子共振(以最小角动量数 $l=1$ 表示),两个 LSPR 模式耦合后会分裂产生两个新的模式,即处在较低能级的"成键态"模式(Bonding Mode)和处在较高能级的"反成键态"模式(Anti-bonding Mode)。它们与入射光场的耦合能力有着显著不同,低能量的成键态模式在偶极子诱导下容易耦合到远场,是二聚体中占主导的 LSPR 模式,这种能被入射光场直接激发、因而也能将近场能量耦合为远场辐射的模式被称为超辐射模(Super-radiant Mode)或"亮模"(Bright Mode);相对应地,处于相对较高能级的反成键态模式表现为没有净偶极矩,是系统不稳定的反向重排模式,无法直接被入射光场激发,因而也无法直接耦合为远场辐射,因此被称为亚辐射模(Sub-radiant Mode),或称为"暗模"(Dark Mode)[62,106,107]。此外,二聚体系统中还存在电四极子(角动量数为 $l=2$)的混合模式,尤其在两个纳米颗粒间距极小(几纳米)的情况下,单个纳米粒子的 $l=1$ 的偶极子模式能量相互交迭杂化而产生的高阶杂化模式更为明显。由图 1.6(b)可见[99],随着二聚体的间隙减小,成键

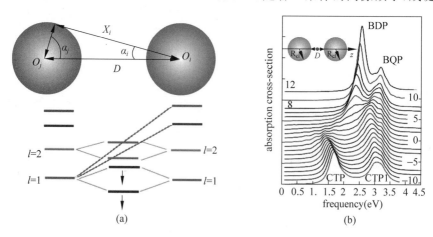

(a)

(b)

图 1.6 球形金属纳米颗粒球二聚体的 LSPR 模式杂化

(a) 二聚体及其中 LSPR 能级杂化示意图[99];[根据 APS 文献[99]绘制](b)二聚体中的纳米间隙对其杂化模式远场光谱的影响[107],其中 CTP、BDP 和 BQP 分别表示电荷转移共振模式、成键电偶极子模式以及成键电四极子模式。

态的电偶极子等离激元共振模式(BDP)逐渐红移且共振能量减弱,而成键态的电四极子模式(BQP)的共振频率保持稳定且能量有所增加[107]。

　　类似的模式杂化现象在更复杂的金属纳米结构中也存在[48,108,111-113]。如图 1.7 所示的海星形纳米颗粒中,可以通过 LSPR 模式杂化原理很好地解释其共振调控机理,这种多尺度结构由一个稍大尺寸的金属核和多个细小的刺状纳米颗粒组成,其中"金属核"和"金属刺"都有各自的本征 LSPR 模式,其分立的初始态 LSPR 模式经过耦合杂化后形成系统新的成键态和反成键态 LSPR 模式,从而影响其远场光谱[108]。Odom 等人[40,109,110]报道的通过湿法腐蚀单晶硅结合图形转移得到的三维蝴蝶结形纳米结构中也可产生类似的表面等离激元模式杂化,并由此显著增强其光学非线性效应[109],可用作一种垂直面内发射纳米激光光源[110]。

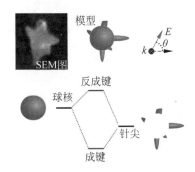

图 1.7　三维多尺度海星形金属纳米结构中的 LSPR 模式杂化示意图[108]

[根据 ACS 文献[108]绘制]

　　除了上述例子以外,前人还应用表面等离激元模式杂化理论对其他多种复杂几何构型的金属纳米结构进行了研究,如多层核壳结构[114-116]、纳米卷[117,118]、纳米颗粒预聚体[119,120]、三维堆栈结构[121,122]、纳米微腔[123-125]、波导结构[126-128]、纳米颗粒链[129-133]等。这些研究表明,表面等离激元模式杂化理论是用于指导表面等离激元纳米结构设计、构建新颖光学共振现象、及扩展新的功能应用的有力理论工具。

　　要实现表面等离激元模式的杂化,必须构筑适当的结构,使其中能量产生丰富的或不同类型的共振模式,并使各种模式之间发生强烈的相互作用和耦合。常见的模式杂化体系有以下几种:LSPR 模式间的杂化体系、LSPR 模式与腔模式杂化体系、LSPR 模式与周期性结构(如光栅)中共振模式的杂化体系、LSPR 模式与波导模式杂化体系、LSPR 与 SPP 共振模的杂化体系等。在众多的模式杂化体系中,LSPR 模式间的杂化体系、以及 LSPR 模式与腔模式杂化体系是最典型的两种体系,也是被研究和应用较多的体系。不失代表性,本文以两种具体的纳米结构为例(详见第 2 章和第 3 章),重点考虑这两种杂化体系的构建。

在上述体系中,模式杂化常会导致法诺共振(Fano Resonance)现象,这也是当前表面等离激元光学的一个研究热点,在很多领域有着重要的应用。下面对表面等离激元体系中的法诺共振进行简要介绍。

1.2.3　表面等离激元纳米结构中的法诺共振

简单几何构型的金属纳米颗粒(如金属纳米球)的远场 LSPR 光谱通常表现出对称的共振峰,这是由金属纳米颗粒的电偶极共振导致的远场辐射特性决定的,这种基本的 LSPR 辐射模式都是能量最低的,即"亮模",表现在光谱上是具有强辐射阻尼的宽带共振[134-139]。同时,由于金属表面电子集体振荡对入射光的相位迟滞效应导致了二者之间的相位不匹配,从而产生 LSPR 的高阶模式,如电四极子模式,这种模式对远场只有弱耦合作用,即"暗模",表现为窄带共振,其带宽只决定于金属材料的内禀吸收。由于这种差别,金属纳米颗粒的亮模可以被入射光场直接激发,而暗模则无法被直接激发[139-140]。但如果将多个金属纳米颗粒组合成二聚体或多聚体,则暗模可被间接激发,且由于宽带的亮模和窄带的暗模的相互干涉作用,导致光谱上出现不对称的共振峰,这就是表面等离激元法诺共振现象[138]。

常见的产生法诺共振的表面等离激元纳米共振体系主要有三种[138-141]。第一种是通过 LSPR 的亮模和暗模干涉形成法诺共振,这在很多实验研究中都得到了证实。如图 1.8(a)中所示的圆环/圆盘非中心对称的系统中[142],入射光可以激发圆盘的超辐射亮模,使之激发并与圆环的高阶暗模耦合,产生不对称的法诺共振峰;由于亮模的共振频率对入射角度很敏感,因此产生的法诺共振峰也明显依赖于入射角,且法诺峰的位置对周围介质的折射率很敏感,可用于折射率传感。第二种是通过金属纳米结构(如纳米颗粒多聚体)中的电偶极子与高阶极子(如电四极子)的干涉形成法诺共振,如图 1.8(b)所示的由金纳米棒组成的三聚体中[143,144],右侧垂直方向放置的金纳米棒被激发后产生电偶极子共振,而水平方向放置的一对纳米棒二聚体则被这个电偶极子激发产生高阶的电四极子共振,两者之间的干涉产生法诺共振[143],进而导致了电磁诱导透明(Electromagnetically Induced Transparency)现象[144]。第三种是通过电场共振模式和磁场共振

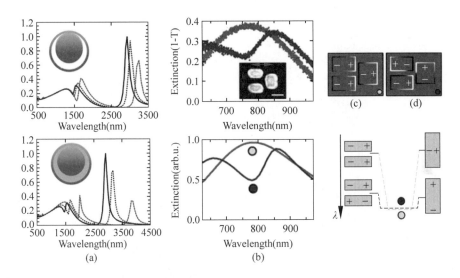

图 1.8　两种典型的表面等离激元法诺共振体系

(a) 一种对称性破缺的金属圆环/圆盘结构中 LSPR 的亮模和暗模干涉产生的法诺共振[142]；(b) 一种金纳米棒三聚体中电偶极子与电四极子干涉形成的法诺共振[143, 144]。[已获得 ACS 文献[142-144]的使用许可]

模式之间的干涉形成法诺共振,如 Capasso 等人[145]通过化学自组装金纳米核壳结构形成多聚体,当多个纳米核壳结构组合在一起,由于它们相对于入射电场的极化响应相位不匹配,整体表现为磁偶极共振,通过调整电共振模式和磁共振模式的干涉,即可产生法诺共振。从上述例子可以看到,单一构型的金属纳米结构中很难获得上述法诺干涉现象,必须通过合理设计的复杂几何构型纳米结构才能实现[145]。

1.2.4　多尺度金属纳米结构中的级联场增强

级联场增强原理是深度调控金属纳米结构中场热点的局域和空间分布的另一种有效手段,是通过构筑多尺度纳米结构,在满足 LSPR 局域模式能级匹配条件下,实现能量的逐级耦合和会聚,最终实现场热点在特定空间位置的局域及场增强最大化。表面等离激元级联场增强这一概念最早由Stockman 等人在 2003 年提出[50,100-102],通过构建多尺度的自相似金属纳米颗粒链,使 LSPR 模式场可以逐级耦合并压缩会聚在颗粒链末端的最小间隙中,如图 1.9 所示[100]。这一结构中,不同尺寸的金属纳米颗粒按由大到小的次序排列在同一条线上,在纳米球的直径和间隙满足 LSPR 耦合共振

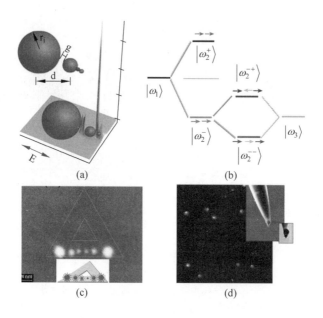

图 1.9　自相似链金属纳米颗粒链中的级联场增强

(a) 多尺度纳米颗粒链结构及其中的场增强示意图[100-102]；(b) 纳米颗粒链中的 LSPR 能级示意图，其中能级 $|\omega_1\rangle$、$|\omega_2^-\rangle$、$|\omega_2^+\rangle$、$|\omega_2^{-+}\rangle$、$|\omega_2^{--}\rangle$ 及 $|\omega_3\rangle$ 分别对应着耦合系统中的各个激发态[100]；[根据 APS 文献[100]绘制图(a)和(b)](c)通过 DNA 自组装法制备的自相似金属纳米颗粒链[146]；(d) 自相似金属纳米颗粒链荧光成像探针[147]。

的能级匹配条件下(如图 1.9(b)所示)，可以在最小间隙中得到最大的场增强效应。其级联场增强物理过程是入射光场首先激发最大的纳米颗粒的 LSPR，并获得一次场增强；该局域场进而激发邻近的较小的纳米球的 LSPR，并再次获得场增强；这一过程依次在相邻的纳米球中相继发生，直至局域场能量被逐级耦合和压缩到最小的纳米间隙中，成为系统主要的 LSPR 模式场。图 1.9(a)中计算所得最小间隙中的场热点强度增强因子可达到 10^3。

　　自相似金属纳米颗粒链的级联场增强效应自提出后受到广泛关注。2010 年，Ding 和 Abajo 等人通过自下而上的 DNA 自组装方法，首次在 SiO₂ 衬底上制备出一维自相似纳米颗粒链，且很好地控制了纳米粒子的间隙小于 10nm，如图 1.9(c)所示，但是没有进一步通过实验验证其中的级联场增强[146]。随后 2012 年，Novotny 等人首次通过化学修饰的方法制备得到自相似纳米颗粒链的二聚体和三聚体[147]，且在空间上通过偶联剂将不同大小的纳米金球自组装成自相似链,并将其用作荧光成像探针,如图 1.9(d)所示。这也是当前基于化学自组装方法实现多尺度级联场增强结构的最高水平成果[147]。

构筑合理的多尺度纳米体系,是实现级联场增强设计思想的关键。Stockman 等人还从理论上设计了金属纳米 V 型槽结构,通过调整亮模和暗模的干涉,可在 20nm 的狭小间隙中产生热点局域并使光能量会聚到 V 型槽的尖端,得到比通常的纳米狭缝中还要高几个数量级的场增强因子。Kik 等人在自相似纳米颗粒链的基础上设计了多尺度非对称金属纳米椭球二聚体,也获得了较强的场局域和场增强。

到目前为止,对表面等离激元级联场增强结构的研究,大多是理论设计和数值仿真,实验研究相对较少,其主要原因是这种多尺度纳米结构很难制备,尤其是难于准确控制和实现其中的最小极限尺寸的纳米间隙,而这又往往是实现级联场增强效应的关键。在仅有的几个实验工作报道中,Kravets 等人[150,151]在有机隔离层的辅助下,通过电子束光刻在石英衬底上制备了尺寸渐变的三层堆叠金属纳米圆台结构,如图 1.10(a)所示,用共焦拉曼显微镜扫描表征了其 LSPR 特性,实验证明了级联场增强的物理过程,并将该结构用于荧光增强和 SERS 检测。Kravets 等人的研究,是首次基于面内加工技术构筑了级联场增强多尺度体系。最近,Chirumamilla 等人[152]研究并制备了基于金属纳米星形二聚体的级联场增强结构,这一结构中显著的场增强得益于星形尖点分支小于 10nm 的精细结构,以及多尺度结构中的级联场增强效应,其场增强效果在 SERS 实验中得到了很好的验证,如图 1.10(b)所示。

1.2.5　本节小结

综上所述,表面等离激元模式杂化理论和级联场增强原理为深入认识复杂几何构型的金属纳米结构中的模式耦合机理、以及对其近远场特性进行深度调控提供了重要的理论指引,但前人工作中同时考虑这两个原理的结构设计还不多。本文的核心思路,就是通过融合这两个理论的设计思想,构筑能同时对结构的远场光谱共振特性和近场热点局域和增强特性调控的纳米结构,通过这两种物理机制的互相作用和促进,实现优异的近远场性能,达到显著增强光与物质相互作用的目的,并通过 SERS 实验来检验其增强效果。

同时,构筑具有优异性能的纳米功能结构要和其制备技术的研发紧密

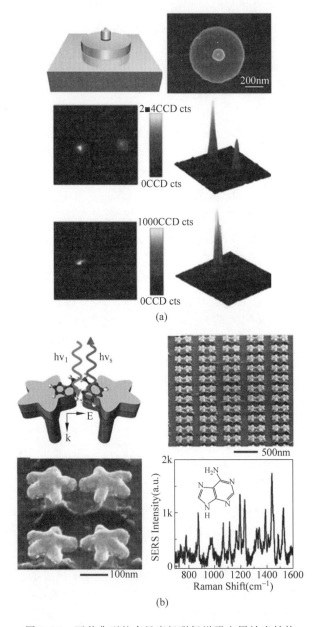

图 1.10　两种典型的多尺度级联场增强金属纳米结构

(a) 堆叠的多尺度金属纳米圆台[150,151]；（b）三维金属纳米星形二聚体[152]。[已获得 ACS 文献[150-152]的使用许可]

结合,这是实现其功能应用的关键,也是将前人未能实现的将多尺度结构推向应用的关键。本文针对两种模式杂化体系的构筑,以制备大面积、低成本、稳定可靠的多尺度级联场增强结构为目标,将理论设计与制备工艺研究紧密结合,探索一条自主掌握的工艺路线。虽然当前基于化学合成技术、自组装技术等"自下而上"的方法已经可以实现多种复杂的纳米结构制备,但无法解决大面积和结构均匀性的问题,因此不是本文中考虑的工艺路线。相比而言,在微纳结构的工业化制备中,更为普遍采用的是与半导体工艺兼容的"自上而下"微纳加工技术,对于实现复杂纳米结构具有更好的可控性。然而,针对多尺度金属纳米结构的制备技术研究还很欠缺,需要突破诸多关键技术的限制。接下来,将在综述当前微纳加工技术的基础上,提出针对本文中多尺度结构制备所要研究解决的主要工艺问题。

1.3 金属纳米结构的加工技术

半导体加工技术经过五十年,尤其是近二三十年的快速发展已日臻成熟,微纳电子器件已经迈入到 22nm 的工艺节点。正是伴随着半导体加工技术的发展,推动了纳米光学器件制备技术的飞速发展,当前"自上而下"的微纳加工技术主要包括电子束光刻(Electron Beam Lithography, EBL)、聚焦离子束(Foused Ion Beam, FIB)直写,以及最新发展的氦离子束(Helium Ion Beam, HIB)直写等。EBL、FIB 和 HIB 是通过控制扫描场、束斑、束流等参数实现高分辨的微小结构的纳米加工,这在制备如小于 10nm 的纳米间隙中展现了很大的技术优势。例如,Duan 等人利用 EBL 成功制备了超高分辨率金属纳米蝴蝶结天线结构[153],其中天线间的纳米间隙可以小到 3nm 和 4nm,并通过电子能量损失谱(Electron Energy Loss Spectroscopy, EELS)测量出 3nm 和 4nm 间隙中不同的表面等离激元模式分布,验证了其中模式杂化机理,如图 1.11(a)所示。这是当前有报道的利用 EBL 加工实现的最小间隙。在这种小间隙结构的制备中,首先需要解决电子束曝光邻近场效应,其次需要解决图形转移问题,但对于制作高密度的细小结构(如几十纳米线宽的线光栅)还有待进一步工艺探索。Liu 和 Giessen 等人通过多次电子束曝光和高精度套刻制备了三维表面等离激元度量尺(Plasmonic Ruler)[121,122],如图 1.11(b)所示。从加工工艺角度看,Liu 等人是在使用高分辨 EBL 设备、高精度套刻的基础上,还必须使用合理的平坦化层有机材料的帮助,从而在制备三维纳米结构上取得重要的工艺突破。

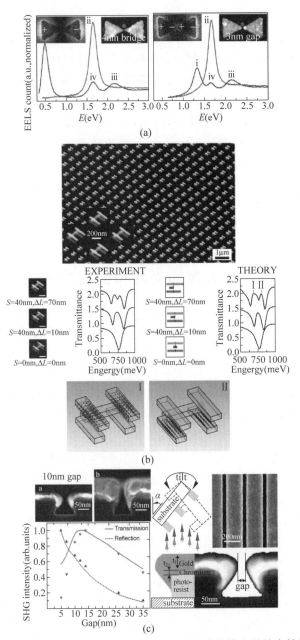

图 1.11　前人利用电子束光刻工艺制备的高分辨金属纳米结构

（a）具有 3nm 和 4nm 间隙的蝴蝶结金属纳米天线结构[153]；（b）三维堆叠的表面等离激元度量尺[121, 122]；（c）通过倾斜镀膜制备的具有小于 10nm 间隙的线光栅结构[154,155]。[已获得 ACS 文献[153]、NPG 文献[121]和文献[122]的使用许可]

该工艺中,平坦化层有机材料需要严格控制,从而实现对各层间的距离精确控制的要求。Olivier 等人,利用电子束光刻先在玻璃衬底上制备出 50nm 线宽的矩形槽,再通过倾斜镀膜的方式,成功制备了小于 10nm 的纳米间隙[154,155],如图 1.11(c)所示。这种复杂的小间隙金属纳米结构在 SERS 应用中获得了 10^8 的平均增强因子[154],在电磁场诱导增强透射应用中实现了 60%的透过率,并实现了增强二次谐波激发(Second Harmonic Generation)的应用[155]。该研究本质上是利用倾斜镀膜技术实现极高分辨率的纳米间隙,也是加工中常用的技术手段,但必须考虑器件的自掩蔽能力,避免沟道内沉积金属层是关键。

基于 EBL、FIB 及 HIB 等当前主流的直写技术可实现高分辨率的纳米结构,但其串行直写的低效率、高投入是阻碍其大规模应用的主要障碍。其次,电子束曝光过程中的前散射电子、背散射电子和二次电子等因素常导致曝光区域扩展,必然影响三维图形或复杂纳米结构的准确性。如 Liu 和 Giessen 等人在制备三维堆叠结构[121, 122],必须通过一定厚度和具有一定极化能力的有机平坦化层隔离才能实现这种结构,其工艺过程复杂严苛,不仅对设备加工精度要求高,也需要操作人员具有很雄厚的工艺技术储备和经验积累,因此这种加工技术目前只有国外少数几个研究团体掌握。在我国大陆地区,目前还未见能实现如此高分辨、高精度的制备能力和工艺水平。

另外,目前大多数表面等离激元纳米器件要用贵金属(如金、银等)制备,价格昂贵,且容易被污染、氧化、激光灼伤等,做完一次实验后就不能重复使用,需重复其复杂工艺过程再次制备,造成极大的资源浪费和低效率。而实际需求的器件往往要求低成本、大面积、可再现性好、均匀稳定等,这就要求制备稳定可靠、可重复使用的表面等离激元器件,即使金属层被氧化、灼伤,通过简单工艺处理就能再次恢复其功能。因此发展针对此类结构的新型加工技术有着迫切需求。

纳米压印技术(Nanoimprinting Lithograhy,NIL)[156]与上述方法有着显著不同,本质上是一种复制技术。原理上,纳米压印是利用光刻胶等软物质掩模材料在刚性模板的机械压力作用下产生物理形变,获得图形化的"复制"过程,其显著优点在于,超高分辨率、可并行处理、低成本、大面积、与三维加工兼容性好、适用于任意衬底材料、复制性强等。由于采用机械力整体压印成形的方式,避免了电子束光刻曝光效率慢和电子束曝光邻近效应的影响,也避免了复杂的光学系统和高功率光源的使用。相对于电子束光刻中对光刻胶的严苛要求及有限的后处理能力,纳米压印对光刻胶的容限性好,其光刻胶材料的多样性和后处理能力是实现多尺度纳米结构制备的关键性因素[157-159]。Karthik 等人在热压印技术的基础上,制备了纳米柱阵列,并通过沉积银膜构成微腔,实现了超衍射极限的光学加密存储[160],如图 1.12(a)所示。从压印工艺角度看,该研究成功解决了同一次压印过程中实现不同尺寸间隙结构的有效脱模工艺,减少了器件的缺陷,提高了高分辨全色彩存储的性能。Lewis 等人通过直接转印银环,实现了自支撑的纳米聚焦器件[161]。同样,用于该器件制备的纳米压印工艺简单,可批量复制,且无衬底干扰因素。图 1.12(b)是 Kraus 等人通过纳米转印模板引导,高效地实现了按照既定方位排列的单个纳米粒子,实现了高分辨表面等离激元共振增强的单个 60nm 粒子的成像[162]。L. Zhan 等人[163]通过纳米压印,利用在脱模时施加一定的外力使光刻胶材料力学稳定性发生改变,结合镀膜技术实现了三维的对称和不对称的纳米圆环,得到具有旋光性的表面等离激元器件[163]。

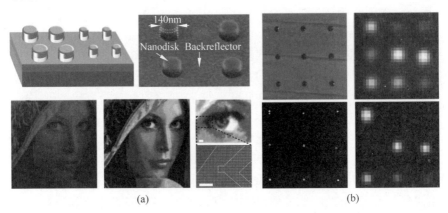

(a)　　　　　　　　　　　　　　　　(b)

图 1.12　两种基于纳米压印技术制备的表面等离激元器件

(a) 用于加密存储的银纳米柱阵列[160];(b) 模板转印的单个纳米颗粒及其超分辨成像[162]。[已获得 NPG 文献[160]、[162]的使用许可]

　　纳米压印技术与半导体工艺有着良好的兼容性,制备的纳米结构可以是半导体、金属、或有机材料等,几乎当前所有类型的纳米光学结构、纳米电子元件、MEMS 元件、生物芯片、表面等离激元器件等,都可以通过纳米压印来完成,因此有着重要的应用潜力。当然,纳米压印还存在诸如压印后光刻胶剩余、图形保真性、压印纳米模板的低成本制备等一些工艺上的共性难题需要解决。

本文将以室温纳米压印技术结合各向异性刻蚀技术为工艺主线,探索大面积、低成本、稳定可靠的多尺度金属纳米结构的制备工艺方法,并研究解决其中的共性关键工艺问题。

1.4　研究问题和研究方案

综上所述,表面等离激元模式杂化理论对于复杂构型的表面等离激元功能器件的设计有重要的指导作用,在多种复杂金属纳米结构的研究中取得了重要成果;级联场增强原理为设计场热点局域和增强深度调控的结构提供了重要思路和有效方法,但前人的研究大多是理论设计,对复杂的多尺度纳米结构器件的制备还远不能满足应用需求。基于这一研究现状,本文针对以下两方面开展研究:

(1) 在理论上,融合表面等离激元模式杂化原理和级联场增强原理这两种设计思想,构筑具有优异近远场特性的多尺度金属纳米结构。

虽然前人已经分别针对表面等离激元模式杂化结构和级联场增强结构开展了研究,但融合两种思想的设计还很少。例如,在具有典型 LSPR 模式的 V 型槽纳米天线的研究中,可以利用 V 型槽实现场热点的级联增强,但尚未见利用多尺度结构中的模式杂化去调控级联场增强及热点的空间分布。另外,V 型槽结构难以制备的主要原因在于纳米 V 型槽要求的高分辨率且不能自支撑,因此至今大多数研究是面内的 V 型槽结构(即金属薄膜中刻出二维的 V 型槽[164]),难以实现三维的结构制备,限制了其实际应用。因此,本文考虑一种新的实现方法,在表面等离激元模式杂化原理与级联场增强原理融合的思想指导下,拟将不同尺度的 V 型槽结合在一起,形成 M 面型的结构,通过多尺度 V 型槽中 LSPR 模式的耦合杂化,调控场热点的局域分布和增强因子。另外,考虑到碗形金属纳米微腔中能产生丰富的可调谐的腔模式,通过在微腔中引入适当的金属纳米颗粒,可以实现纳米颗粒的 LSPR 模式与腔模式的杂化耦合。因此,文中还将考虑构筑一种"金碗-金豆"纳米天线阵列结构,通过将腔共振模式和 LSPR 模式耦合产生法诺共振,对共振波长和共振峰品质因子进行精细调节,并通过法诺共振进一步增强该多尺度结构中的级联场增强效应。

(2) 在制备工艺上,探索一条针对多尺度复杂金属纳米结构的大面积、低成本、稳定可靠的工艺路线。

无论是基于表面等离激元模式杂化原理的复杂纳米结构,还是多尺度级联场增强纳米结构,都面临加工难题[165-169]。如前人通过纳米球刻蚀技术制备得到碗形金属纳米微腔阵列,尽管做了很多尝试,但制备出的器件性能达不到理论预期[170-174]。再比如,空间 V 型槽纳米聚焦器件至今还只能制备出面内的 V 型结构[164]。前人采用的方法要么成本太高,要么面临大面积制备的质量和均匀性太差的问题,这已经严重阻碍了多尺度纳米结构的实际应用。因此有必要在制备工艺方面开展研究,探索出一条稳定可靠且实用性强的工艺路线。

我们采用室温纳米压印和多参数可控各向异性刻蚀为工艺主线,在对多尺度纳米结构的模式杂化和场增强原理的充分认识基础上,解构器件的几何构型,明确制备中需要精确控制的关键参数,据此设计有针对性的多参数刻蚀方案,以兼容性好的工艺方法制备高质量的多尺度纳米结构。例如在 M 面型光栅的制备中,将其解构为刻蚀过程中引入第二梯度刻蚀时间,且通过光刻胶材料的力学性质控制,实现所设计的结构;在金碗-金豆纳米天线阵列的制备中,形成微腔和纳米颗粒并精确控制它们之间的位置关系是关键问题,微腔的形成在工艺上可归结为多参数渐近刻蚀,而纳米颗粒的定位取决于掩模的定位,这样就有可能在合适的掩模下同时实现这两个目标。

1.5　本文的主要研究内容

结合上述对研究背景和研究现状的分析,本文的主要研究内容是以融合表面等离激元模式杂化原理和级联场增强原理为理论指导,以纳米结构的近场热点增强和远场共振光谱调控为核心目标,设计构筑以 M 面型光栅和金碗-金豆金属纳米天线阵列为典型代表的两类模式杂化体系和多尺度级联场增强金属纳米结构,并以满足实际 SERS 应用需求为目标的实用性加工技术开展研究。本文各章节的内容安排如下:

第 1 章:绪论。介绍论文的研究背景、研究现状、研究目标,及研究思路,提出本文要研究构筑的两种模式杂化体系,即 LSPR 模式杂化体系和 LSPR 模式与腔模式杂化的体系,并对研究方案和工艺路线进行论证。

第 2 章:以 M 面型光栅为例,对 LSPR 模式杂化体系开展研究。在研究 V 型槽中 LSPR 局域特性的基础上,建立由两个不同开口率的 V 型槽组成的 M 面型光栅的理论模型,以特定激发波长下实现最大场热点局域和增强为目标,通过调控 LSPR 模式的耦合,对 M 光栅进行优化设计,揭示其中

LSPR 模式杂化和级联场增强的机理；以室温纳米压印和多参数各向异性刻蚀为工艺主线，研究可控制备 M 光栅的方法；使用扫描近场光学显微镜（SNOM）对 M 光栅的场局域进行测量表征，通过 SERS 实验，检验 M 光栅中的场增强性能和用作 SERS 衬底的应用潜力。

第 3 章：以金碗-金豆纳米天线阵列为例，对 LPSR 模式与腔模式杂化的体系开展研究。建立金碗-金豆天线阵列的理论模型，以热点空间位置可控、场局域和场增强最大化为目标，研究碗形微腔中的模式场分布特点，以及引入纳米颗粒后其暗模对腔模式的影响和作用，通过两者的模式杂化产生法诺共振，从而显著增强其中的级联场增强效应；基于室温纳米压印和多参数各向异性刻蚀技术，研究建立针对这种多尺度纳米结构的稳定可靠的制备工艺，实现高质量结构的制备；通过对结构远场光谱的测量表征，验证理论分析和设计的正确性；面向实际应用，将制备的样片用作 SERS 衬底，检验其场增强效果和应用潜力。

第 4 章：针对上述多尺度金属纳米结构制备中的共性关键工艺问题开展研究。以实现多尺度结构的低成本、大面积、可重复、稳定可控制备为目标，研究解决其中的关键工艺问题，建立一条稳定可靠的工艺路线。在对多尺度结构的几何构型进行解构的基础上，设计合理的多参数可控各向异性刻蚀方案，并通过半球阵列、倒金字塔阵列、纳米"墨水瓶"阵列等结构的制备实验探索建立工艺路线，总结工艺经验，为多尺度纳米结构的实际应用奠定技术基础。

第 5 章：总结与展望。总结本文的主要研究工作和创新性研究成果，并基于当前成果对进一步开展的研究工作提出展望。

第2章　M面型光栅中LSPR模式杂化构筑级联场增强

2003年,Nordlander和Halas等人最早系统地提出了表面等离激元模式杂化理论,用类比于分子轨道杂化理论的简单物理图像解释了复杂纳米结构中表面等离激元模式间的耦合机制,并在多层核壳结构的纳米粒子系统中得到了充分体现。此后,国内外很多研究组都应用表面等离激元模式杂化理论分析和构筑了不同的复杂金属纳米结构,实现了对LSPR共振特性的深度调控[97-99]。如今,在表面等离激元模式杂化理论的指导下,已经发展出了很多新器件和新应用。同年,Stockman等人提出了级联场增强理论,基于多尺度纳米颗粒链或V型槽中的场热点的逐级耦合级联[50,100-102],实现光能量在纳米间隙中的会聚和增强,但这种结构的制备和实现非常困难。目前,同时应用这两种原理进行纳米结构的设计还不多见,且这类复杂纳米结构的制备还面临诸多难题,亟待工艺技术的突破。

本章中,我们通过融合表面等离激元模式杂化原理和级联场增强原理,以典型的具有级联场增强效应的单个纳米V型槽为研究的出发点,通过将不同尺寸的V型槽组合在一起,构筑一种通过LSPR模式杂化促进级联场增强的M面型金属纳米光栅,使其在给定波长的入射光激发下具有优异的场热点局域和增强特性,且配合制备工艺的研究,探索其大面积、低成本、稳定可靠的制备方法。本章的主要内容分为三个部分:

在理论上,通过研究LSPR模式杂化和级联场增强的原理,设计构筑多尺度M面型光栅结构,分析其中模式耦合和场增强的物理机制,对其场热点分布和增强特性进行调控,并通过近场测量对场热点分布进行实验表征。

在工艺上,以室温纳米压印和多参数各向异性刻蚀技术为工艺主线,发展针对这种多尺度纳米结构的稳定可控的制备技术。

在应用上,以制备出的M光栅用作SERS活性衬底,通过SERS实验检验其场增强效果和应用潜力。

2.1 多尺度 M 面型光栅的理论建模和设计

级联场增强是多尺度纳米结构中在满足 LSPR 模式能级匹配的条件下,实现光能量的逐级耦合和会聚的过程,是实现场热点共振频率和空间位置调控的有效手段。目前对于级联场增强结构的研究以理论研究为主,包括自相似纳米颗粒链[100,147,146]、纳米 V 型槽[101]、不对称椭球二聚体[149]等在内为数不多的研究。纳米 V 型槽是典型的纳米会聚结构,能量的级联增强过程依赖于 V 型槽中 LSPR 的共振耦合,并沿着 V 型槽会聚,最终实现光场能量会聚在尖点,构成空间位置可控的热点,可实现几个数量级的场增强[101,102]。在实验方面,尽管 Hillenbrand 等人[164]通过构筑平面内的 V 型槽,对其级联增强效果进行了验证,但空间纳米 V 型槽的实验研究方面还比较欠缺,关键在于当前主流的微纳加工技术难以满足这种多尺度结构的精细加工要求,尤其是对几十纳米间隙的精确控制。

我们以纳米 V 型槽为研究的出发点,构筑一种新型多尺度和尺寸渐变的 M 面型纳米光栅结构,通过两个不同 LSPR 局域态的 V 型槽的组合,使两个 LSPR 模式之间发生杂化耦合,实现特定波长下的共振,促进和增强光能量在其中一个具有纳米间隙的 V 型槽中的会聚,同时在工艺上相比单独的纳米 V 型槽结构更容易制备实现,可大大降低加工难度。

M 面型光栅的结构及几何参数如图 2.1 所示,其结构参数如下:光栅周期为 d,大 V 和小 V 型槽的张角分别是 θ_1 和 θ_2,深度分别是 h_1 和 h_2,小 V 型槽顶端的开口处的间隙宽度为 w。在这些特征几何尺寸中,小 V 槽的形貌和尺寸对实现理论预期最为关键,不仅决定了纳米间隙中的场分布,也决定了 LSPR 模式耦合的物理过程。M 光栅制备在 GaN 衬底上,其上表面覆盖一层金膜,其厚度 t 取略大于趋附深度的 30nm 即可。实际的器件制备时,采用电子束热蒸发真空镀膜技术生长金膜,因此沉积在 V 型槽上的金膜有一定的不均匀性,尤其是大而浅的 V 型槽的斜面上金膜较厚,窄而深的 V 型槽斜面上的金膜较薄。因此,在数值仿真中要充分考虑这种影响,小 V 槽的侧壁金膜要比大 V 槽的金膜要薄一些,并根据实际情况设定小 V 槽的底部金膜厚度为 20nm,如图 2.1 所示。我们以 SERS 衬底为该器件的应用出口,因此选择应用中常用的 R6G 分子的 SERS 激发波长 785nm 作为理论设计中 LSPR 场热点的最佳激发波长。

我们使用基于有限元方法(Finite Element Method,FEM)的商业软件

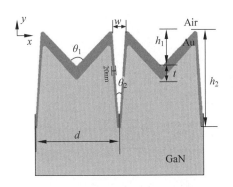

图 2.1　M 面型光栅的结构示意图

COMSOL 4.3® 对结构进行严格数值模拟。由于 LSPR 特性对于纳米结构的几何面型、纳米间隙、介电环境等很敏感,因此为了准确计算其电磁场响应,在设计 M 面型光栅时还需尽可能考虑到实际制备器件的真实几何形貌,以免对场增强做出过于乐观的估计。在计算中,对 M 光栅的尖点均作 10nm 的倒圆角处理(关于倒圆角曲率半径的选择,详见 2.1.3 节中的讨论)。对无限大的周期性阵列,在计算中可以在计算区域的 x 方向两端设定周期性边界条件;y 方向是光入射和出射的方向,因此两端设置完美匹配层(Perfect Matching Layer,PML)边界条件;因该光栅结构及其入射场沿 z 方向是空间不变的,因此计算中可以作为二维问题来处理。仿真计算区域采用自适应网格剖分,其中金层附近的最小网格为 1nm,衬底材料中为 20nm,外层空气为 50nm。计算中金的折射率是基于 Johnson 和 Christy 数据库中的实验数据[165]并由 Drude 色散模型拟合得到,其中金的等离子体频率为 $\omega_p = 1.366 \times 10^{16}\,\mathrm{rad/s}$,阻尼频率 $\gamma = 1.22 \times 10^{14}\,\mathrm{rad/s}$。空气和 p 型氮化镓衬底的折射率分别取 1 和 2.5,且忽略其微弱色散。

　　考虑平面波从结构上方垂直的情形,当其磁场矢量方向垂直于纸面时称为 TM 偏振,而当电场矢量方向垂直于纸面时称为 TE 偏振。根据表面等离激元光学原理可知,TM 偏振的入射光可以有效地激发结构中的 LSPR。对于激发的场热点的场增强因子可以按 $f = |\boldsymbol{E}/\boldsymbol{E_0}|$ 计算,其中 $|\boldsymbol{E}|$ 为光栅结构中的电场振幅,$|\boldsymbol{E_0}|$ 为入射光的电场振幅。因此,场增强因子 f 表示了局域的场热点的电场振幅相对于入射场振幅增强的倍数。下面给出的场分布计算结果,如无特殊说明,均指总的电场振幅分布。

　　由于 M 光栅结构中的场增强是利用两个 V 型槽中 LSPR 模式之间的杂化耦合,因此需要首先研究单个 V 型槽的几何构型对其 LSPR 特性的影响。

2.1.1　单个 V 型槽中的 LSPR 场增强

根据前人的研究[101,102]，当 V 型槽的张角约 $10°$，开口间隙 w 为 30nm 时，可获得最强的级联场增强。另外，考虑到实际加工能力、各向异性刻蚀可能实现的纳米间隙的分辨率、V 型槽间的几何构型关系等因素，我们确定该纳米光栅最关键的几个结构参数为，小 V 槽张角 $\theta_2 = 10°$，开口间隙 $w = 30$nm，光栅周期 $d = 200$nm，如图 2.1 所示。由此确定其他结构参数为：大 V 张角 $\theta_1 = 85°$，$h_1 = 60$nm，$h_2 = 180$nm。

首先计算单个 V 型槽中的 LSPR 场热点局域随开口率的变化，图 2.2 给出了仅由小 V 槽（$\theta_2 = 10°$）或大 V 槽（$\theta_1 = 85°$）构成的阵列中的场分布计算结果，可以明显看到场热点局域分布和强度的差别。在仅由小 V 槽构成的光栅中，LSPR 模式为强局域化的，场热点主要约束在 V 型槽的开口处，其最大场增强因子 f 约为 70，如图 2.2(a)所示。在相邻小 V 槽之间的光栅表面有少许场增强，可以理解为相邻槽的 LSPR 之间的微弱耦合所致。在仅由大 V 槽构成的光栅中，LSPR 模式是相对弱局域的，因为场热点并没有被局域在 V 型槽内，而是弥散分布在金膜表面，其最大的场增强因子 f 也只有约 4，如图 2.2(b)所示。因此，这些数值计算结果表明：随着 V 型槽张角和开口间隙的增加，LSPR 场热点的局域程度显著降低，其局域的光能量也随之降低。

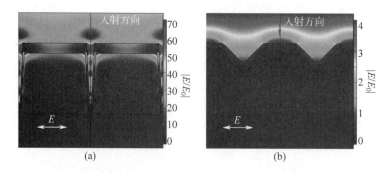

图 2.2　仅由单一 V 型槽构成的光栅中的场增强计算结果
(a) 小 V 槽构成的光栅，其中 $\theta_2 = 10°$，$h_2 = 180$nm；(b) 大 V 槽构成的光栅，其中 $\theta_1 = 85°$，$h_1 = 60$nm。两个结构均被 TM 偏振的光垂直入射。

2.1.2　M 型多尺度结构中的 LSPR 场增强

基于上述两种 V 型槽中 LSPR 模式的场局域特点，将大 V 槽和小 V

槽组合在一起构成 M 型结构单元,使这两种 V 型槽中不同局域态的 LSPR 相互耦合,进而对小 V 槽中的场局域产生影响。

　　图 2.3 给出了 M 面型光栅中的场分布计算结果,其中图 2.3(a)和(b) 分别给出了 TM 和 TE 偏振入射的情形。可见在 TM 入射下,小 V 槽中可产生强烈的 LSPR 场增强,其增强因子 f 可高达 700;而在 TE 偏振入射下,无法有效激发 LSPR 模式,因此没有场局域和场增强现象出现。

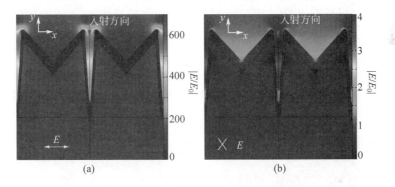

图 2.3　(a)TM 偏振和(b)TE 偏振入射下 M 光栅中的场分布及场增强计算结果

　　通过对比图 2.2(a)、(b)和图 2.3(a)可见,在 M 光栅结构中,虽然大 V 槽并没有直接增强 LSPR 的场热点局域,但其作用是通过将其弱局域态的 LSPR 模式和小 V 槽中的强局域态 LSPR 模式耦合,使小 V 槽中的级联场增强得到进一步加强,从而使场增强因子比单一小 V 槽构成的光栅中的场增强因子提高了一个数量级。而且,这种大 V 槽和小 V 槽组合的多尺度结构比单纯的小 V 槽构成的阵列更容易制备(详见 2.2 节),为这种级联场增强结构的实现开辟了一条有效途径。此外,通过对比可见,在 M 结构中通过模式杂化导致的场热点局域主要均匀分布在小 V 槽的开口部分,这对于增强光与物质相互作用(如 SERS 应用)是非常有利的。另外,图 2.2(a)所示的单一小 V 槽阵列中,局域于 V 型槽的光场表现出类似如驻波场分布的高阶模式的特征,在小 V 槽的底部也有较强的场热点局域,这和前人理论研究结果是一致的[101]。但在 M 光栅中,由于两个 V 型槽的模式杂化,导致小 V 槽中的局域光场几乎是按基模特征分布的,且均匀分布于其开口处。

2.1.3　M 光栅的几何面型变化对场局域的影响

　　首先分析光栅面型变化对 LSPR 模式耦合和场局域的影响,研究两种与图 2.2(a)和图 2.3(a)相对应的光栅结构,一种是单一矩形槽构成的光栅,如图 2.4(a)所示,槽宽 $w=30\text{nm}$,其他几何参数保持与图 2.2(a)中的小 V 槽光栅一致,即槽深 $h=180\text{nm}$,周期 $d=200\text{nm}$,金膜厚度 $t=30\text{nm}$;另一种是由两个槽宽分别为 60nm 和 30nm 的矩形槽构成的光栅(为了便于讨论称之为 M1 光栅),如图 2.4(b)所示,考虑到实际加工中压印和刻蚀的因素,M1 光栅中窄槽的槽深设为 $h_1=50\text{nm}$,其他结构参数与图 2.3(a)中的 M 光栅一致,计算中所有尖点也做了倒圆角处理。

图 2.4(a)和 2.4(b)给出了这两种光栅结构中的场分布和场增强的数值计算结果。由图 2.4(a)可见,单一矩形槽光栅中虽然也有 30nm 的极小间隙,但最大场增强因子仅为 2.5 左右,并没有产生如图 2.2(a)中单一小 V 槽的 LSPR 场热点增强,这说明 V 型槽的几何构型(包括其夹角和开口间隙)对于生成强局域态的 LSPR 模式有至关重要的作用。

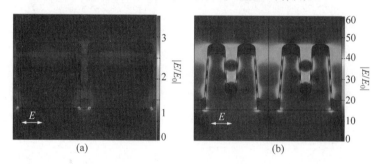

图 2.4   M 光栅面型变化为矩形槽时对场热点分布和增强因子的影响
(a) 槽宽为 30nm 的单一矩形槽光栅;(b) 具有 60nm 和 30nm 槽宽的双矩形槽光栅(M1 光栅)。

图 2.4(b)中给出了 M1 双矩形槽光栅中的场局域结果,可见当 M 面型演化为矩形槽的 M1 光栅后,结构中的场热点显著减弱,最大场增强因子只有 40 左右,相比 M 光栅中的增强因子减小了一个数量级;而且此时场热点同时出现在大槽和小槽中,并没有特别地局域于小槽的开口处,且小槽中还出现了 LSPR 高阶模式,这些都和 M 光栅中的场热点分布有明显不同,说明此时的 LSPR 模式杂化耦合也受到了显著影响。这样的场增强效果,与同样基于 LSPR 模式耦合的其他纳米颗粒体系,如金纳米颗粒二聚体[105]、金纳米棒多聚体中的[106]LSPR 场热点增强程度是类似的。

以上计算分析说明,M 光栅中 V 型槽的几何面型和小 V 槽的 30nm 间隙是决定着级联场增强效果的关键因素,是加工制备中需要精确控制的参数。这对加工制备技术提出了很大的挑战,也是本文中研究解决的关键问题之一。

　　此外,金属纳米结构中的小 V 槽开口两侧的尖点部分对场热点增强的影响很大,而实际制备中这些部分都不是理想的尖点,因此我们考虑实际纳米加工的分辨率,计算了 M 光栅在其他条件不变的情况下,其场增强因子与尖点处倒角尺寸的关系。我们分别计算了倒角半径为 0nm(即最理想的尖锐情形)、5nm、10nm 和 15nm 的情形,如图 2.5 所示。可以看到,图 2.5 (a)中没有倒圆角时,小 V 槽尖点处的场增强因子高达 3000,且最强的热点高度局域于尖点附近;而当倒角逐渐增大为 5nm、10nm 和 15nm 时,分别如图 2.5(b)、图 2.3(a)、图 2.5(c)所示,场热点不再局域于尖点处,而是主要分布于小 V 槽的开口间隙区域;且随着倒角的增大,LSPR 模式场的分布特点没有明显改变,只是对应的最大大场增强因子逐渐变为 1000、700 和 600。这说明尖点是否绝对尖锐是会影响场热点分布的,而实际制备的样片,只要倒角半径不超过 15nm,不会显著影响 LSPR 模式场的分布特点,只会降低场增强因子。根据我们实际加工出的 M 面型光栅样片的扫描电子显微镜(Scanning Electronic Microscope, SEM)照片,并结合 SERS 实验中增强因子的估算来看(详见 2.3 节和 2.4 节),计算中按 10nm 倒角处理是合理的。

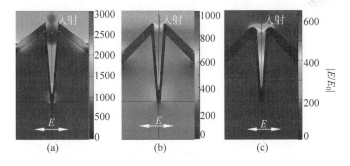

图 2.5　数值模拟的尖点倒角的曲率半径变化对 M 光栅中场热点分布和场增强的影响
(a) 无倒角；(b) 倒角半径为 5nm；(c) 倒角半径为 15nm。

2.2　M 面型光栅的制备

　　结合上述理论设计,发展面向实际应用、低成本、高质量、大面积、稳定可靠的多尺度 M 光栅的制备工艺至关重要。尽管 EBL、FIB 等纳米加工技术有最高的空间分辨率,却不适用于大规模生产,不仅在于其效率低、成本高、工艺复杂,还在于工艺的局限性,难以胜任多尺度纳米器件的制备。其他一些制备方法,如纳米球掩模刻蚀技术有低成本、大面积、高效率等优点,但受制于只能制备单一几何构型的纳米图形、对纳米间隙的可控性较差、难于制备复杂的多尺度结构等限制。

与自相似纳米颗粒链等其他多尺度纳米结构类似,纳米 V 型槽结构用当前主流的纳米加工技术很难实现,亟待技术突破。另一方面,在实际应用(如 SERS 应用)中,表面等离激元纳米结构很容易被激发光损伤,或被所检测的材料或环境所污染,如硫系、胺系有机小分子直接与金银等金属产生化学反应,从而破坏整个器件的性能,维护成本高,使用完后只能抛弃;新的器件必须重新用成本高昂、工艺复杂、低效率的 EBL,FIB 等技术重新制备。作为科学研究,这样做是可以的,然而面向实际应用,就必须探寻一套低成本、工艺简单、可重复使用的实用技术。本节中,我们基于室温纳米压印(RT-NIL)技术制备大面积掩模,通过控制光刻胶材料力学形变产生可控的渐变性质特殊掩模,并通过多参数控制实现分阶段的各向异性刻蚀,达到对 M 面型光栅的关键结构参数精确控制的目的。

2.2.1 M 面型光栅的制备工艺流程

室温纳米压印是在传统热压印技术基础上发展起来的加工技术,是指仅在机械压力作用下,不借助加热、激光、紫外光固化等辅助手段,使光刻胶材料发生塑性形变,从而实现模板图形转移的纳米光刻技术。其突出优点是高效率、低能耗、设备简单、实用性强,尤其是对多层光刻胶的压印有良好的兼容性,且不受化学放大等液相过程的影响,可以通过干法刻蚀就可以实现图形转移。因此我们采用室温纳米压印工艺路线。

需要强调的是,纳米压印模版还是需要用电子束光刻技术制备的,由于电子束曝光分辨能力很高,但在纳米尺度下曝光效率很低,因此我们采用电子束光刻一次性制备压印模板,然后就可以将压印模板反复用于压印,大量进行纳米结构图形的转移,解决了电子束光刻效率低的问题。压印模板通常采用硅基材料制备。硅片是半导体材料,比较适合采用电子束曝光,但材质比较脆,压印中容易破裂,需要采取一定措施。通常也可采用石英片做压印模板的材料。

M 面型光栅的制备步骤如图 2.6 所示,其关键步骤如下:

(1)纳米压印模板的制备

M 光栅的纳米压印石英模板的图形化是通过标准的 EBL 工艺制备的。采用石英基片进行电子束光刻需面对的问题是:石英是绝缘材料,不能

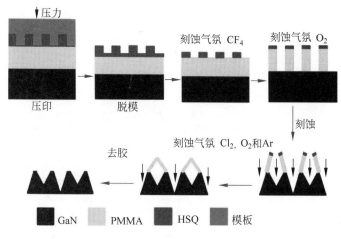

图 2.6　多尺度 M 面型光栅的制备工艺流程示意图

直接进行电子束光刻,因为电子束光刻是利用聚焦高能电子束在基片表面的光刻胶上扫描成像,而高能电子束透过基片上的光刻胶膜会进入石英片绝缘体,这些电子通过与固体原子产生弹性或者非弹性散射,在入射点附近产生积累电荷,这些积累电荷构成的电场会反过来排斥直写的电子束,造成电子束不能正常地在预期位置曝光,使曝光图形发生变形,甚至还会在曝光中产生火花放电现象。所以采用石英片曝光通常要在石英片表面蒸镀一层金属铬作为导电膜,用以疏导石英表面的积累电荷,然后再在导电膜上旋涂光刻胶。同时,这层金属铬导电膜还可以对深层的积累电荷所产生的场起到屏蔽作用,以抑制积累电荷的影响。此外,该层铬膜也为后续的金属剥离工艺创造了有利条件。当然,如果工艺中不便在石英片表面镀金属膜的情况下,也可以在光刻胶表面再旋涂一层水溶性的富含导电颗粒的"导电胶",同样也可以起到疏导积累电荷的作用。由于导电胶是水溶性的,可以在电子束曝光后首先利用去离子水浸泡去除,不影响后续的工艺。

　　下面具体介绍石英压印模具的制备过程:在镀有铬膜的石英片上旋涂 PMMA 胶,采用电子束光刻系统 JBX 6300FS 进行压印光栅图形曝光。通过 PMMA 光刻胶的曝光显影,蒸发金属材料铬(Cr),再在丙酮中超声剥离,然后再采用氯基气体反应离子刻蚀除光栅图形以外的铬底膜,即在石英片表面获得到图形化的铬光栅作为掩模,经过 CF_4 反应离子刻蚀将铬光栅图形转移到石英基板上,最后采用湿法腐蚀(腐蚀液配方是水 100ml:硝酸铈铵 25g:高氯酸 6ml)工艺除去表层的残余铬膜,即可得到一维矩形光栅压印模板,其光栅周期 200nm,线宽 100nm,占空比 0.5,光栅槽深 250nm,如图 2.7 所示。关于压印模板的保真性刻蚀制备、表面处理等共性技术问题将在 4.1.1 节详细讨论。

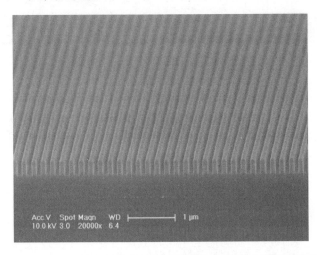

图 2.7   用 EBL 技术制备的纳米压印模板(矩形槽光栅石英模板)

(2) 纳米压印

光刻胶准备:为了进行多尺度结构的制备,我们选择两层光刻胶的室温纳米压印工艺技术路线(详见 4.1.2 节的讨论),即顶层 HSQ 光刻胶(XR-1541-006, Dow Corning, USA)和底层 PMMA 光刻胶(MicroChem, PMMA 950 A4, USA)。首先在氮化镓衬底材料上旋涂 PMMA 光刻胶,厚度约 170nm,在 105℃ 下前烘 3 分钟,除去 PMMA 光刻胶中有机溶剂,然后再旋涂光刻胶 HSQ,厚度约 150nm,不烘烤或者 50℃ 以下低温烘烤。

室温纳米压印:如图 2.6 中"压印"和"脱模"步骤所示,首先稳定和对准样品(对准精度为 $1\mu m$),启动纳米压印机(EVG 520 Imprinter,Austria)的压印工作"Embossing"压印工作模式,抽真空到 5×10^{-3}mTor,室温下施加 50Psi 的压力,维持 5~7 分钟后,撤除压力;经脱模后的压印模板需用 MOS 级的丙酮(国药化学试剂厂)清洗残留的光刻胶。

底膜清理:也称为"打底膜",在 CF_4 气氛下采用反应离子刻蚀(L-451D-L,Reaction Ion Etching System, RIE,ANELVA,Japan)清除压印转移后光栅底部中残余的顶层 HSQ 光刻胶。采取的刻蚀参数是 RIE CF_4 15sccm,2Pa,40W,10s,刻蚀清理后,把石英压印模板上的矩形面型的光栅图形保真地转移到 HSQ 层中。

固化与刻蚀：如图 2.6 中第四步"RIE O₂"步骤所示，在 O₂ 48sccm，26Pa，70W，30s 的气氛下刻蚀底层 PMMA 光刻胶，直到将光栅图形完全转移到 PMMA 层中，并通过氧离子作用，在刻蚀 PMMA 过程的同时对 HSQ 图形表面进行去氢固化。

（3）基于多参数各向异性刻蚀制备多尺度结构

如图 2.6 中第五、六步"RIE Cl₂、O₂、Ar"中所示，以 PMMA 和 HSQ 层为掩模刻蚀氮化镓衬底，并通过对刻蚀气氛 Cl₂、O₂ 及 Ar 的多参数控制，生成预期的 M 面型光栅。多参数刻蚀气氛的选择依据是，其一[166-169]，刻蚀过程是依靠等离子体的集体效应和离子与衬底材料之间发生物化作用，刻蚀的过程并受控于等离子密度，并受边界条件约束；其二，"依据反应腔中的气压等于各种组分的气体分压的总和"的道尔顿分压原理，指导多参数的选择；其三，反应等离子体的物理作用和化学作用共存原理支配刻蚀的方向性，等离子体中的正离子由于它的活性容易与衬底材料表面的物质发生化学反应产生挥发性气体，表现为各向同性的反应性等离子体刻蚀，同时在偏压的作用下带一定能量的正离子轰击衬底材料表面，以溅射的方式作用衬底材料表面的物质，体表现为各向异性的等离子体刻蚀。在刻蚀气氛中，Cl 离子是刻蚀氮化镓的有效成分；Ar 离子一方面调节 Cl 离子刻蚀过程的侧向化学反应的速率，同时又能以高的能量轰击掩模和衬底氮化镓材料，起物理轰击作用。加入 Ar 离子是为了平衡纵向和侧向刻蚀速度；O 离子的作用在于逐渐固化 HSQ 层、调节 Cl₂ 的辅助气相等离子体刻蚀、以及提高对 PMMA 层的侧向刻蚀速率。关于多参数刻蚀机理将在 4.2 节中详细研究和讨论。多参数刻蚀的实现是基于上述相对成熟的理论判据，并结合实际工艺研究中的实验总结。

通过对刻蚀参数的细致调节，可以对 M 光栅的面型进行控制。例如，要制备理想的 M 面型光栅，采用的刻蚀参数是 48/10/10sccm Cl₂/O₂/Ar，100W，16Pa，2min；而要制备 M1 面型光栅，刻蚀条件是 48/10/5sccm Cl₂/O₂/Ar，40W，26Pa，2min。刻蚀完毕后，将样片放入丙酮浸泡后超声 3 分钟，清洗干净光刻胶残余，并经异丙醇淋洗，氮气吹干，即可得到我们理论设计的 M 面型光栅基底。

（4）蒸镀金膜

获得 M 面型光栅基底后，还需要镀上金膜。由于 M 光栅有多个尖点，因此对镀膜工艺的控制很重要。我们采用真空电子束镀膜（L-400EK Evaporation System，ANELVA，Japan），系统工作参数为薄膜沉积过程中,保持载物台以 40rmp 的角速度自转和 15rmp 的角速度公转,载物台与靶材的距离为 72cm,以便于能在 M 面型光栅起伏表面沉积 30nm 较均一金膜。由于后续工艺中不再有物理化学过程,因此在工艺中无需镀铬或钛粘结层,M 面型光栅结构也是稳定的,避免了铬或钛层的阻尼效应对 LSPR 的影响。另外,为了减少镀膜带来的多晶金属颗粒的晶粒边界对电子的散射行为,以减少表面等离激元的内禀损耗,镀膜工艺分两阶段进行,先沉积 2~3nm 的金膜,维持载物台在 70℃ 左右,待冷却到约 20℃ 左右继续镀剩下的部分,金膜的沉积速度在 0.2~0.5nm/s。镀膜后的样品在 170℃ 氮气条件下充分退火 1 小时以减少晶粒边界散射,这对于减少金膜中表面等离激元的内禀损耗是非常关键的工艺细节。镀金膜工艺过程有利于进一步缩小小 V 槽的开口间隙。

经过上述工艺流程,即可制备获得所需的 M 面型光栅,如图 2.8 中的 SEM 照片所示。

2.2.2 多尺度结构的各向异性刻蚀过程和机理

在 M 面型光栅的制备中,多参数各向异性刻蚀是关键,下面对其工艺过程和刻蚀机理进行讨论。

(1) 多尺度刻蚀工艺路线的选取

M 光栅是由两个不同大小的 V 型槽构成。单个 V 型槽的刻蚀,可归结为面内保真刻蚀。为了实现 V 型逐渐变化的槽型,需要选择合适的工艺参数。具体来说,根据道尔顿气体分压原理,分别以保真的垂直面型为参照,确定刻蚀参数;考虑反应等离子体刻蚀中的物理和化学作用共存的特性性主导刻蚀的方向,对于 V 型逐渐变化的结构而言,需要增加侧向刻蚀速度,可按 V 型槽的半高宽与槽深的比值确定刻蚀速率;考虑掩模与基底的刻蚀选择比,增大侧向刻蚀就需增大各向同性的反应离子刻蚀成分。结合以上三点多参数刻蚀的指导原则,确定合理的刻蚀参数,即可使纵向和侧向刻蚀的合速度沿着 V 型槽的开口方向,从而刻蚀得到单个 V 型槽。

M 光栅制备时需要在一步刻蚀中实现两个不同开口率的 V 型槽,由于两个 V 型槽存在明显的高度差,因此对刻蚀过程中的刻蚀时间和纵向刻蚀速度的控制要求很高。但同一次刻蚀只有一个刻蚀时间,解决这一矛盾的关键在于,在一次刻蚀过程中,通过多个刻蚀参数的选择控制等离子体的集体效应相互作用,在刻蚀的特定时刻,采用气体流量冲击方式,使光刻胶掩模出现定向倒伏,产生光刻胶栅线两两粘连,并模掩蔽了其下方的 V 槽,从而使相邻的两个 V 型槽一个停止刻蚀,另一个继续深刻蚀,得到两种不同深度的 V 型槽。

在通常的矩形光栅的保真性刻蚀中,要最大程度地抑制侧向刻蚀,所以需要使用高刻蚀选择比的掩模。而在槽形梯度变化的 M 面型光栅中,需要合理调节刻蚀选择比。由于 PMMA 抗刻蚀能力很弱,单一的 PMMA 层在 Cl_2、O_2 及 Ar 等离子体的轰击下很快会被刻完,不是有效掩模,因此需要增加梯度固化的 HSQ 层,以辅助 PMMA 掩模调控其刻蚀选择比,如图 2.6 所示。在 HSQ/PMMA 掩模在等离子体集体效应的作用下,刻蚀过程中的某特定时刻给反应腔一个小的气体扰动,导 PMMA 掩模坍塌的发生,这一过程是渐进的,则相当于产生了掩模新的状态(或者说渐进地生成了新的"Λ"型掩模),则在已有的刻蚀基础上,表现出二次刻蚀过程,从而构建了两个刻蚀时间段,表现在最终器件上就是形成多尺度的几何构型。因此,M 光栅的刻蚀问题可归纳为在第一阶段刻蚀过程中,光刻胶掩模侧向也被渐近地刻蚀,直至在刻蚀过程中无力支撑而坍塌,构造出新的掩模并开始第二阶段刻蚀,最后直至多尺度结构形成。在具体工艺参数的控制上,从以下两方面着手:其一,通过反应腔工作压强调控等离子体的约束性边界条件,从而控制纵向和侧向刻蚀速率,并有目的地引入等离子体的多组分,如针对 HSQ 光刻胶材料的固化要求增加一定量的 O_2;其二,增加等离子体气氛的物理作用属性,充分利用高能量惰性气体离子的轰击性质,如引入 Ar 等离子体组分并调整刻蚀参数中的压强分量以平衡衬底材料的纵向刻蚀速率。

(2) 多尺度刻蚀的机理

M 面型光栅的形成关键取决于刻蚀掩模的渐进性变化。在各向异性刻蚀过程中,HSQ 在 O_2 等离子体气氛下逐渐固化,底层 PMMA 光刻胶会被 O_2 等离子体刻蚀,Ar 等离子体会更容易刻蚀固化的 HSQ 层,使其逐渐变薄。等离子体是带电的流体,既有等离子体增强化学反应活化能的化学反应性,也有在电磁场作用下加速射向基片的等离子体粒子流体的物理轰击作用。反应性为主的刻蚀以等离子体态为主导,物理轰击则以离子流体性为主导,表现在刻蚀中 M 面型演化过程,刻蚀材料有主导性的纵向刻蚀,也有构建面型目标的渐进的侧向刻蚀。总结来说,决定纳米图形结构演变的因素就是控制等离子体气氛的性质。

在上述刻蚀机理的指导下,刻蚀时间达到约中点附近时,源于 Ar 和 O_2 等离子体的物理轰击,HSQ/PMMA 光刻胶栅线越来越薄,高宽比越来越大,一旦达到难以自支撑的程度的临界状态(通常在光刻胶高宽比 5∶1 到

6∶1 的情况下),此时由于等离子体刻蚀气氛整体上表现为电中性,而局部是带电的粒子流,在满足刻蚀系统能量最低的要求下,一旦受到某种扰动,某每两个相邻的 HSQ/PMMA 光刻胶栅线会顶部相向倒伏在一起,随即发生类似"多米诺"骨牌效应,使光刻胶图形化区域每两个相邻的 HSQ/PMMA 光刻胶栅线顶部相向倒伏粘连在一起,如图 2.6 中第五步所示。渐进的倒伏过程取决于 O_2 和 Ar 等离子体的物理轰击效果,也就是取决于它们的气体流量、工作压强、射频电压、及在光栅槽中的气压分量。另外在光栅槽中的分压服从等离子体"流体"的集体效应,类似于毛细管端口处流体力学现象,这也是流变学原理的基本现象,本文不深入讨论这一过程。在这种渐变的顶部相向倒伏粘连的光刻胶栅线成了新的 Λ 型掩模,当每对一对光刻胶栅线完全倒伏接触在一起时,其下方的氮化镓刻蚀会自动终止;倒伏之外区域的刻蚀过程则继续,掩模的界面处侧向刻蚀速率增大,最终产生第二个一深一浅的 V 型槽,直至刻蚀终止。

　　为了观察和验证上述 M 光栅面型在制备中的演化过程和刻蚀机理,我们用扫描电子显微镜(SEM, FEI Serion2000)对制备过程中不同阶段的样品进行了形貌分析,包括刻蚀完毕还未去除残胶的样片、去胶后的样片、以及镀金膜后的样片,如图 2.8 所示。图 2.8(a)是经过多参数等离子体刻蚀后没有去除两层光刻胶残余的样片,可见光刻胶两两定向倒伏在一起,构成一个向下遮蔽的 V 型掩模,使其下方衬底的刻蚀速率逐渐变化,从而形成大 V 槽;而在倒伏光刻胶之外的开放区域,则因更快的纵向刻蚀速率而形成窄开口率的小 V 槽,很明显小 V 槽要比大 V 槽刻蚀深度大很多,两个 V 型槽都是渐进产生的,由此构成了 M 光栅面型。需要说明的是,图 2.8(a)中两两倒伏的 Λ 型光刻胶栅线间有一些缝隙瑕疵,这并不是光刻胶掩模倒伏中的缺陷,而是在用 SEM 检测光栅断面形貌时光刻胶薄膜结构受电镜的电子束轰击变形及光刻胶导电性差产生的积累电荷互相排斥所致,这可从两点得到证明:一是图 2.8(a)中越是远离样片断面的位置,则这种缺陷越少;二是其下方的 M 光栅形貌有很好的一致性,如图 2.8(b)所示,这也证明了掩模的高质量。

　　以上多参数各向异性刻蚀的过程,是在充分理解反应离子刻蚀的等离子体增强化学反应和流体轰击性质的基础上,利用光刻胶材料的力学性质渐变,在整个刻蚀过程中光刻胶掩模在能量最低要求下有规则地两两倒伏在一起,从而实现多尺度结构的刻蚀。两个 V 型槽的开口侧壁形态可通过调整刻蚀参数(如射频电压、气体流量等)来精确控制。例如,如果将刻蚀参

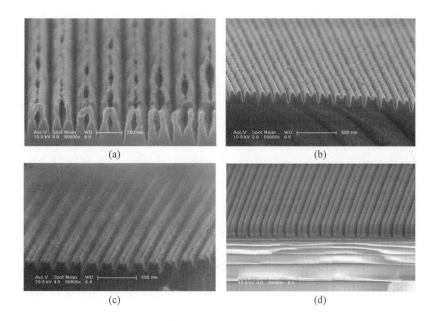

图 2.8　基于室温纳米压印和各向异性刻蚀技术制备的多尺度 M 面型光栅及
M1 光栅样片的 SEM 断面形貌图

（a）M 面型光栅在刻蚀后尚未去除残胶掩模的样片；（b）去除残胶后的 M 面型光栅样片；（c）去除残胶并镀了 30nm 厚金膜后的 M 面型光栅样片；（d）去除残胶后并镀了 30nm 金膜的 M1 光栅样片。

数调整为 Ar 5sccm/Cl_2 48 sccm/O_2 10sccm，则会刻蚀得到 M1 光栅，两个槽都不是 V 型槽，不是我们所需要的由小 V 槽和大 V 槽组成的理想 M 面型光栅。此时，由于 Ar 等离子体轰击效应减小，同时功率减少，增加反应腔气压，光刻胶栅条图形减薄速度减缓，延迟了光刻胶之间的两两定向倒伏时间，使得矩形光刻胶掩模图形从开始刻蚀直到超过一半的刻蚀时间还能继续深刻，没有形成大 V 槽，从图 2.8(d) 中可清楚地看到所得到的是两个近似矩形的开口槽将氮化镓栅线分开，且其槽深不同，一个约为 50nm，另一个则为 180nm，和图 2.4(b) 中理论计算的 M1 光栅参数是基本一致的。

2.2.3　M 面型光栅的制备质量保障

（1）样片的大面积和均匀性

面向 SERS 等实际应用，常需要制备的纳米结构具有较大的面积，至少应比激发光斑尺寸大数倍。然而，若应用当前主流的微纳加工技术，如

EBL、FIB、HIB等，其高成本和低产出率严重制约了相关器件的实用化。此外，这些技术对光刻胶的前处理、后处理等兼容性有限，因此难以可控制备多尺度纳米结构。例如，同样是使用HSQ/PMMA双层光刻胶进行电子束光刻，其前烘、曝光和后烘过程使得HSQ无法成为所需的梯度渐变固化交联掩模，而是固化完全的掩模，减少了调控侧向刻蚀和纵向刻蚀的手段，也就失去了多尺度刻蚀调控的有效途径，尤其是本文结合HSQ材料特性，采用室温压印成型的光刻胶结构含有大量的$Si(OH)_x$成分，可以在等离子刻蚀过程在逐渐与氧离子发生作用，实现梯度渐变固化交联掩模，为刻蚀过程实施面型控制创造了有利条件。相比之下，纳米压印技术具有低成本、高效率、可重复性好、可再现性好的特点，为大面积制备纳米光学器件提供了技术保障，且制备中对光刻胶材料有更多的选择空间，后处理手段多，为制备多尺度纳米结构提供了所需的调控途径。因此，基于纳米压印和各向异性刻蚀的工艺路线，有利于制备大面积的多尺度纳米结构。我们已成功制备出了$10cm^2$的大面积M光栅结构，如图2.9所示，且样片具有很好的均匀性，从而可以满足实际应用的需求。

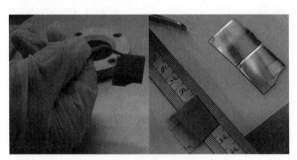

图2.9   基于室温压印和各向异性刻蚀制备的大面积M面型光栅衬底，最大样片的总面积可达$10cm^2$

（2）对纳米间隙的精确控制

如前文所述，对光栅槽形貌以及纳米间隙的控制是M光栅制备中的关键。通过本文的工艺研究，可以对这些关键结构参数进行精确控制。在多尺度M光栅的制备中，是通过各向异性刻蚀将一维矩形光栅图形转移到氮化镓衬底中的，为了获得预期的M面型光栅，可选取48/26/10/10sccm $Cl_2/CF_4/O_2/Ar$的混合等离子体为刻蚀气体，工作压强为16Pa，离子源射频功率为100W，刻蚀时间为2分钟。而要制备M1光栅，则采用工作参数是48/10/5sccm $Cl_2/CF_4/Ar$的混合等离子体，不再使用O_2，同时也减少了

CF$_4$/Ar 的气体流量,离子源射频功率为 40 W,工作压强 26 Pa,设定刻蚀时间为 2 分钟,这种条件的选择是为了尽量以相同的刻蚀速率来判定刻蚀过程中光刻胶的倒伏和刻蚀终止的时间。

比较这两组刻蚀条件,最主要的不同在于,制备 M 光栅时使用了含有 O$_2$ 的等离子体和较低的偏压。等离子体气氛是一种亚稳态的物质,可以认为是带电荷的流体,遵从流体力学的性质,同时也依赖于反应性气体和偏压。对刻蚀材料来说,会同时出现沿着光刻胶侧壁方向向下的纵向刻蚀和垂直于光刻胶侧壁的横向刻蚀,这两个刻蚀速率严格依赖于偏压。随着偏压的增大,对活化的等离子体加速,碰撞几率增大,同时对基片的轰击力加大,使得纵向的化学反应刻蚀速率增加,也增加横向刻蚀速率。在刻蚀气氛中,O$_2$ 等离子体有两个功能,一是侧向刻蚀光刻胶,逐渐减薄 PMMA 光栅梁的侧向厚度;二是 O$_2$ 等离子促进固化 HSQ 光刻胶图形表面 Si(OH)$_x$ 中的 H 离子析出,增加 SiO$_x$ 的成分,有利于控制光刻胶栅线两两定向倒伏的时间。在制备 M 面型光栅时,光刻胶栅线之间两两定向倒伏大约发生在刻蚀进行的中点附近(大约 50 s 左右)。因此,实现多尺度的 M 面型光栅在于控制 O$_2$ 等离子体和偏压。

根据上述研究,我们在不改变等离子体气体种类的前提下,只要微调 O$_2$ 等离子体气体的流量和偏压,就可对 M 光栅中的 V 型槽宽度进行细微调节。例如,如图 2.10 所示,当调整 O$_2$ 等离子体为 15 sccm 时,就可以在基本维持 M 光栅面型的同时使原来的小 V 槽间隙增加到 50 nm 以上,且其面型由 V 型槽逐渐向光滑陡直的近似矩形槽演变;同时,由于光刻胶栅线在

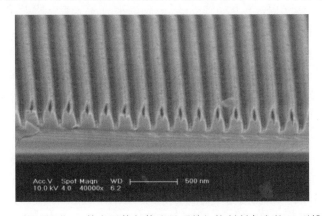

图 2.10　通过调节 O$_2$ 等离子体气体流量可精细控制制备出的 V 型槽宽度,
甚至形成 U 型结构

刻蚀进行到 30s 左右就定向坍塌,导致中间的大 V 槽变浅变窄,约 10nm 宽,30nm 深。这是因为在制备这种刻蚀参数下,光刻胶的侧向刻蚀速率增加,从而使其定向倒伏提前。而在 M1 面型光栅制备中,在刻蚀过程中减少或不加 O₂ 等离子体减少 PMMA 栅线减薄程度,而增加偏压加大纵向刻蚀速率,延缓光刻胶栅线两两定向倒伏的时间,从而导致原来的大 V 槽被刻蚀的更深。刻蚀气氛中的 CF₄ 等离子体的作用是为了有效调节 PMMA 光刻胶层上的 HSQ 层的刻蚀特性,在这些复杂气氛下,HSQ 层被渐进的刻蚀变薄,而对氮化镓衬底则几乎没有刻蚀能力,Cl 基主要用于氮化镓纵向刻蚀。

　　另外,从图 2.8 和图 2.10 中可以看到,在刻蚀参数改变导致光栅面型变化的同时,光刻胶掩模的均匀性一致保持得很好,几乎没有缺陷,衬底氮化镓上也几乎看不到缺陷。因此,实施的各项异性刻蚀工艺过程是精确可控的、均匀的、稳定的。

2.3　M 面型光栅场热点局域的实验表征

　　为了实验验证和表征 M 光栅中的场热点局域特性,我们使用扫描近场光学显微镜(SNOM,NT-MDT NTEGRA,Russia)对制备出的 M 面型光栅样片进行了测量分析。测量中,使用 SNOM 系统的透射模式并配合孔径型光纤探针,对 M 光栅的形貌和近场分布同时进行扫描测量。图 2.11 是 SNOM 测量系统示意图,其中 M 光栅样片被水平放置在一个压电扫描平台上,由氦氖激光器产生的 632.8nm 波长的准直激光束从样片底部正入射照明样品。将孔径型光纤探针定位在 M 光栅的上表面区域,以收集近场光信号。光栅表面的近场信号耦合到光纤探针中,经过尾纤传输,被光电倍增管探测并进行光电转换。测量中,通过音叉上的剪力反馈控制器控制探针与样品的间距,对 M 光栅表面进行网格化逐点扫描,从而同时获取 M 光栅表面的形貌像和光场像。

　　在 SNOM 测量中使用 632.8nm 波长的激光从背向入射,并非按设计中的 785nm 光源从正向入射,入射方向的改变是为了避免正入射下入射光源与光纤探针彼此产生机械干涉。考虑到这两点不同,需要重新计算在 SNOM 测量条件下 M 光栅中的场分布,计算结果如图 2.12 所示。通过和图 2.3(a)的计算结果比较可见,图 2.12 中的场分布特征与图 2.3(a)是非常类似的,主要的场局域和最大场增强均发生在小 V 的开口处,只是最大

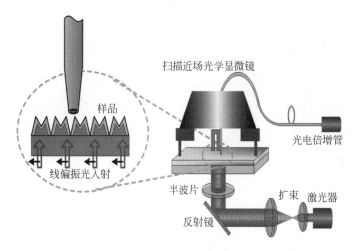

图 2.11　用扫描近场光学显微镜对 M 光栅样品的表面形貌和
近场分布进行测量表征的示意图

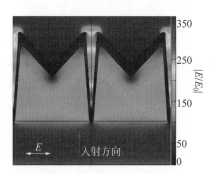

图 2.12　按 SNOM 的测量照明条件计算得到的 M 光栅中的场分布和场增强结果，
其中波长为 632.8nm 的 TM 偏振准直激光束从样品底部正入射

的场增强因子从 700 减小到 350 左右，而且小 V 槽中的场分布呈现出高阶 LSPR 特征，但这并不妨碍对 M 光栅中的场分布进行表征。

用 SNOM 系统测得的光栅表面形貌像和场分布分别如图 2.13(a)和图 2.13(b)所示。由于 SNOM 光纤探针的空间分辨率受针尖尺寸限制，无法分辨 100nm 以下的精细结构，因此图 2.13(a)所示的形貌像无法反映 M 光栅中 V 型槽的具体结构，但通过比较形貌像和光场像，可以看到场热点的局域和增强与两个 V 型槽的对应关系，图 2.13(b)中的两个蓝色方框中提示了场热点分布与光栅形貌 SEM 图的对应关系，可以看到主要的场热点的确被局域在小 V 槽中，这与理论计算结果吻合的很好。因此，通过

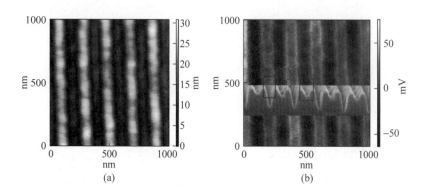

图 2.13　M 光栅样品的 SNOM 测量结果

（a）M 光栅表面形貌像；（b）显示与（a）图对应的光栅表面的光学近场场强分布,其中彩色标尺的数值表示光电倍增管的信号强度,插图是对应的 M 光栅 SEM 照片的截图,蓝色方框提示场分布和形貌的对应关系。

SNOM 测量表征实验,证明了理论设计的多尺度 M 光栅中级联场增强的正确性和可靠性。

2.4　M 面型光栅用作 SERS 衬底的实验研究

　　构筑多尺度级联场增强 M 面型光栅,其目的是实现高度局域和增强的电磁场热点,从而增强光栅表面的光与物质相互作用。表面等离激元纳米结构是 SERS 中常用的衬底类型,因此我们将制备的 M 光栅样片用作 SERS 衬底,测试其 SERS 增强特性。SERS 检测技术是在分子水平上认识光与分子相互作用的有效途径,是痕量化学检测的重要手段,在人们生活的多个领域有重要应用。在 SERS 探测中,强局域的电磁场热点与被探测分子间通过以物理增强为主导、化学增强为辅的能量转换过程相互作用,使原本微弱的拉曼散射截面被大幅增强,从而显著提高拉曼散射指纹光谱探测的灵敏度,因此在表面等离激元纳米结构中产生高活性的场热点是 SERS 衬底设计的重要目标。本节中,我们将 M 面型光栅用作 SERS 衬底,通过对其 SERS 增强因子的评估,验证其场热点局域和增强效果,同时展示其应用潜力。

2.4.1　SERS 检测样品的准备

　　在 SERS 实验中,我们选择若丹明 6G（R6G,Sigma-Aldrich Co.,USA）

有机荧光分子作为被检测物质。检测样片的制备过程如下:将 R6G 分子溶解在无水乙醇中,得到浓度为 $0.1\mu M$ 的溶液;将 M 面型光栅样片浸泡在 R6G 溶液中超过 12 小时,用异丙醇淋洗 2~3 次,冲洗掉多余的 R6G 分子,从而在 M 光栅表面可获得近似单层的 R6G 分子吸附。

2.4.2　SERS 信号的探测

采用背散射拉曼光谱仪(LabRam microRaman,Jobin-Yvon/ISA HR)测量被测样品 R6G 分子的拉曼信号。以 GaAs 激光器发出的 785nm 激光作为激发光源,系统配备有 CCD 探测器和放大倍数 100 倍的短焦物镜(奥林巴斯,BH-2),其数值孔径为 0.85。拉曼光谱仪的测量光斑直径约为 $1\mu m$,其焦面激光功率为 0.6mW。对 R6G 分子的 SERS 光谱的波数测量范围为 $400\sim1800cm^{-1}$。测量过程中,对检测分子的激发时间为 10s,并对所产生的拉曼信号积分一次。每次测量中的激光激发时间和功率都保持不变。对于每个样片,在不同区域采集多个点的 SERS 信号并取其平均值,作为最终的测量结果,从而验证 M 面型光栅上 SERS 信号的均匀性和重复性。从多次测量的结果看,我们所制备的光栅衬底在大面积范围内的 SERS 增强信号都是均匀的、稳定的。

为了评估和比较 SERS 增强效果,实验中我们在光栅样片上的未加工区域的平整金膜表面探测拉曼信号作为参考信号,由于参考信号很弱,因此对收集到的拉曼信号积分 10 次,即相当于信号强度放大了 10 倍。所有测得的拉曼光谱都用高斯-洛伦兹线形拟合,并除去背景信号。

图 2.14 给出了分别以 M 光栅和 M1 光栅为衬底得到的 R6G 分子的 SERS 信号、以及在平整金膜表面测得的参考拉曼信号(放大了 10 倍)。可见,在参考光谱(曲线 A)中无法准确判定 R6G 分子的振动模式指纹峰。将 M 光栅和 M1 光栅用作衬底时,SERS 信号在 TM 偏振入射下得到了显著增强,而 M 光栅在 TM 偏振激发下的 SERS 信号(曲线 E)最强,其强度不仅远远超出参考光谱几个数量级,也是 TM 偏振激发下 M1 光栅的 SERS 信号(曲线 B)强度的 5 倍。这一结果,与 2.1 节中计算得到的 M 光栅和 M1 光栅中的场分布和场增强结果是一致的。而在 TE 偏振激发下,无论 M 光栅还是 M1 光栅,都没有得到明显的 SERS 信号增强,这是因为这种激发条件下,无法产生明显的 LSPR 场热点,这也与 2.1 节中的计算结果一致。

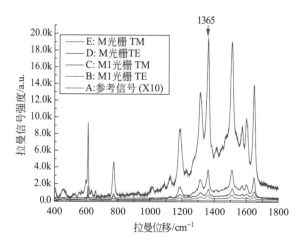

图 2.14　M 光栅和 M1 光栅用作 SERS 衬底检测 R6G 分子获得的拉曼信号

曲线 A：R6G 分子置于平整金膜表面的参考信号；曲线 B 和 C 分别是 M1 光栅衬底在 TE 和 TM 偏振光激发下测得的 SERS 光谱；曲线 D 和 E 分别是 M 光栅在 TE 和 TM 偏振光激发下测得的 SERS 光谱。1365cm^{-1}处的振动模式是 R6G 分子的拉曼光谱特征峰。

2.4.3　SERS 增强因子估算

下面，我们基于实验测得的拉曼信号，计算评估各种衬底的 SERS 增强因子。SERS 增强因子 EF 的估算可采用下式的标准定义[28]：

$$EF = \frac{I_{\mathrm{SERS}}/N_{\mathrm{surf}}}{I_{\mathrm{bulk}}/N_{\mathrm{bulk}}}. \tag{2-1}$$

其中 I_{SERS} 和 I_{bulk} 分别指 M 面型光栅上和平整金膜上测得的 R6G 分子的 SERS 信号和参考拉曼信号强度；N_{surf} 和 N_{bulk} 是激发光斑面积内估算的 R6G 分子数，前者是在 M 光栅上测量光斑面积内可能吸附的单层分子数，后者是假设为圆柱形的光斑束入射深度为 $30\mu m$ 包围的体积中所包含的分子数。根据 R6G 分子的平均自由排除面积（Free Excluded Surface Area）$0.32nm^2$，可估算出在光斑范围内的单层 R6G 分子数 N_{surf} 约为 5×10^6，而 N_{bulk} 约为 10^9。我们以 R6G 分子的特征分子振动模式 1365 cm^{-1} 为基准计算增强因子，则根据方程(2-1)，可以估算出 TM 偏振激发下 M 光栅表面测量得到的 SERS 增强因子可高达 5×10^8。相比之下，M1 光栅中估算的 SERS 增强因子只有 5×10^5。这和 2.1 节中计算的 M 光栅和 M1 光栅中的场热点增强效果差别也是一致的。

2.4.4　对 SERS 检测浓度下限的实验分析

在 SERS 衬底的研究中,另一个重要的指标是检测浓度下限。随着人们对环境、食品安全及药物分析等要求越来越高,对痕量物质检测的需求也日益增长,甚至要求达到单分子级的浓度检测限。为了检验我们制备的 M 光栅的 SERS 检测浓度下限,我们用 M 光栅衬底测量了不同浓度的 R6G 分子溶液,图 3.14 中给出了 3 种浓度分别为 $0.1\mu M$、$0.05\mu M$ 和 $0.02\mu M$ 的 R6G 分子溶液的 SERS 测量结果。为了便于比较,测得的光谱中均不扣除背景光基线。从图中可以看到,即使分子浓度降低到 $0.02\mu M$ 时拉曼光谱信号已经很弱,仍然能从光谱中分辨出 R6G 的指纹峰,由此可确定 M 光栅对 R6G 分子的 SERS 检测浓度下限可达 $0.02\mu M$。这一检测浓度下限已经很接近单分子水平,大大低于当前常用的表面等离激元 SERS 衬底的平均 $0.1\mu M$ 的检测浓度下限约 50 倍[33,44],显示了 M 光栅用作 SERS 衬底的高灵敏度。

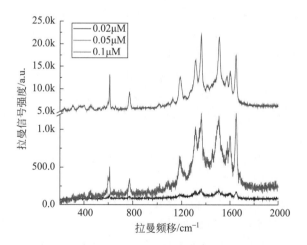

图 2.15　使用 M 光栅衬底测量 R6G 分子 SERS 信号的检测浓度下限实验结果,
其中不同的曲线对应不同的 R6G 分子浓度

此外,传统的表面等离激元 SERS 衬底通常是一次性的,做完一次 SERS 测量后就无法再用,得重新加工制备,增加了应用成本;而且金层下通常需要增加铬或钛层作为粘结层,以固定金属纳米结构,这些粘结层对 SERS 信号有较强的衰减副作用。相比而言,M 光栅具有显著优于传统 SERS 衬底的特点。首先,M 面型光栅是将金膜沉积在衬底的 M 浮雕光栅层上,不会因为金膜的污染、氧化、或激光损伤等而要重复制备基底,即使受到样品污染等,也可以除去受污染的金膜后重新镀膜,且不需要粘结层,即可恢复 SERS 衬底性能,因此是可重复使用的高性能 SERS 活性衬底,显著降低了应用成本。

2.5　本章小结

本章以表面等离激元模式杂化原理和级联场增强原理为指导,通过将两个不同尺度的 V 型槽组合在一起,使其中不同的局域态 LSPR 模式产生强烈耦合,构筑了一种多尺度级联场增强的 M 面型光栅结构,在小 V 槽中产生了超强的场热点局域,其场增强因子比单独 V 型槽构成的阵列中的场增强因子提高了一个数量级。

理论上,研究了有级联场增强特性的 V 型槽中的场局域和场增强效应,分析了两个不同尺度的 V 型槽组成 M 面型时其中的模式耦合和实现级联场增强的物理机制,研究了通过关键结构参数调控 V 型槽中不同局域态的 LSPR 模式耦合的方法,实现了在给定激发波长下实现场热点空间分布和增强最大化的调控。

配合理论研究和结构设计,发展了基于室温纳米压印和多参数各向异性刻蚀技术的多尺度 M 光栅结构的制备工艺,基于对反应离子刻蚀机理的深入了解,通过多参数调控光刻胶材料在刻蚀过程中的定向倒伏,实现分阶段、分步骤的梯度刻蚀效应,从而实现了一次刻蚀过程中产生多尺度的 M 面型光栅,为这类多尺度纳米结构的大面积、低成本、高质量、稳定可控的制备探索了一条可靠的工艺路线。

最后,应用 SNOM 对制备的样片的表面形貌和近场特性进行了实验表征,验证了理论预测的级联场增强效应和理论计算结果。面向 SERS 应用,将制备出的 M 光栅用作 SERS 衬底,对 R6G 分子开展 SERS 探测实验,在实验中获得了高达 10^8 的 SERS 增强因子和低至 0.02 μM 的浓度探测下限,展现了这种多尺度结构优于其他表面等离激元纳米衬底的独特优势和应用潜力。

第3章 金碗-金豆纳米天线阵列中 LSPR 与腔模式杂化构筑级联场增强

形形色色的纳米谐振腔(Nanocavity Resonator)如微环谐振腔、法布里-帕罗(Fabry-Perot)谐振腔、回音壁式光学微腔等具有很好的共振特性,如共振模式丰富、具有很高的共振品质因子等,一直是纳米光学领域的研究热点。因此,在本章的工作中,我们考虑将纳米微腔结构和更小尺度的LSPR 结构(如金属纳米颗粒)巧妙结合在一起,使腔模式和 LSPR 模式产生强相互耦合,借助于对亮模的调控激发特定的暗模,使这些不同品质因子的模式间产生法诺共振,从而产生高品质因子的共振,进而增强级联增强过程,产生高度局域于纳米空间内的场热点。具体来说,以可产生丰富的腔模式的中空金属纳米微腔(nanovoid)为基础,我们考虑构筑一种多尺度"金碗-金豆"(Nanoparticle-In-Cavity,PIC)纳米天线阵列结构,如图 3.1 所示,通过调控较小尺寸的金属纳米颗粒(称为"金豆")的 LSPR 暗模与较大尺寸的金属纳米微腔(称为"金碗")的高阶亮模相互耦合,在指定的频率处产生强烈的法诺共振,并通过法诺共振进一步增强这种多尺度结构中的级联场增强效应,使场热点分布在金豆附近,并使其增强因子得到进一步提高。本章的主要研究内容包括如下。

理论上,以表面等离激元模式杂化原理和级联场增强原理为指导,研究PIC 阵列中 LSPR 暗模与光学微腔亮模发生杂化耦合的物理机制和特点,通过耦合关系分析掌握通过结构参数调控法诺共振和级联场增强效应的方法,从而构筑具有理想场热点分布和增强效果的多尺度 PIC 纳米天线阵列。

工艺上,基于光刻胶材料的相分离性质,发展以室温纳米压印和多参数各向异性刻蚀为主线的制备工艺,实现 PIC 阵列的高质量和稳定可控制备。

应用上,将 PIC 阵列用作 SERS 衬底开展实验研究,检验其场增强效果和应用潜力。

3.1　研　究　背　景

表面等离激元法诺共振(详见 1.2.3 节)是深度调控金属纳米结构近远场特性的一种重要方法,法诺共振广泛存在于多种复杂几何构型的表面等离激元纳米结构中,如对称性破缺的纳米圆环和纳米圆盘、非中心对称光学微腔结构、核壳结构、纳米粒子预聚体(Oligomer)等。在这些表面等离激元纳米体系中,构筑法诺共振的主要方法包括利用电偶极共振(亮模)与电四极共振(暗模)模式产生干涉、利用电共振模式与磁共振模式产生干涉等。如 Maier 等人通过构筑金纳米棒三聚体,通过实验证明了电偶极共振的亮模与电四极共振的暗模干涉可产生法诺共振[145]。Capasso 等人通过化学自组装技术生成金纳米球七聚体,在其中产生了由电共振和磁共振模式干涉形成的法诺共振[144]。我们提出的金碗-金豆纳米天线阵列结构,是一种通过腔模式与 LSPR 模式耦合形成法诺共振的理想结构。

另一方面,这种 PIC 纳米天线是典型的多尺度结构,通过激发金碗中特定的腔模式,可以将场热点首先局域在金豆附近,进而通过场热点进一步激发金豆的 LSPR 暗模,使能量得到进一步会聚增强,实现级联场增强效应,从而实现场热点空间位置的调控和场增强的最大化。

前人对碗形纳米微腔中的腔模式已经有了充分研究[170-174]。Kelf 和 Cole 等人系统研究了没有纳米颗粒的金碗中的各种腔模式,并给出了每种模式的激发条件、模式场分布、场局域特点等[170-173]。Huang 等人在此基础上首次提出了金碗-银豆的 PIC 纳米天线结构,通过理论分析指出,在特定的倾斜入射角度下可以激发金碗中的^{0}D 基模,其场热点和银纳米颗粒的 LSPR 局域场发生重叠和耦合,从而实现级联场增强[174];他们进而用纳米球刻蚀技术制备了 600nm 的金碗阵列,并通过化学修饰方法在金碗中添加了 20nm 的银纳米颗粒,但在 SERS 实验中只获得了 3.1×10^4 的增强因子,与理论预测的增强因子相差约 5 个数量级。导致这一差异的原因在于用这种制备方法无法控制金碗中纳米颗粒的数目、准确位置、团聚状态等,使得只有约 10% 的金碗微腔中随机覆盖了银纳米颗粒,且存在纳米颗粒的严重团聚,而且化学修饰中使用的分散剂也会影响金碗中的介电环境,所有这些因素都严重影响了金碗中的模式场分布,削弱了级联场增强效果。而且,这一结构设计需要在精确控制 60° 斜入射角下才能实现预期的级联场增强效应,这对于实际应用是很不方便的。

　　总结前人对 PIC 纳米天线阵列的研究现状,可以发现有三个关键问题亟待解决。第一,前人研究的 PIC 阵列中需要在特定斜入射角度下激发腔的基模,使之与纳米颗粒的 LSPR 模式耦合而产生级联场增强,这给实际应用带来诸多不便,因此需要设计在简单的激发条件(尤其是在给定波长的正入射条件下)下产生级联场增强的 PIC 结构。第二,前人研究的 PIC 阵列尺寸相对较大,而面向 SERS 应用,需要构筑在可见光到近红外波段实现法诺共振和级联场增强的 PIC 结构,以适应 SERS 激发波长的要求,但这种 PIC 结构的关键尺寸更小(金碗直径小于 200nm,金颗粒直径小于 20nm),这对理论设计和制备都提出了新的挑战。第三,针对 PIC 结构的制备,还没有稳定可靠制备高品质 PIC 结构的工艺方法。前人使用的纳米球刻蚀结合化学自组装方法有很多缺陷,如周期结构只能是金碗的密堆排列,且碗间距很小,容易使相邻金碗产生相互耦合而影响腔模式的场分布;表面张力驱动的纳米颗粒组装过程有很大的随机性,无法制备大面积均匀的结构,导致很多结构缺陷的出现;另外,用化学方法修饰纳米颗粒,也难以精确控制金碗中的纳米颗粒位置和数目,而这对 PIC 结构中的级联场增强效应的实现是至关重要的。

　　因此,在本章的研究中充分考虑上述三个关键问题,将结构设计和制备工艺研究紧密结合,通过对金碗的腔模式和金豆的 LSPR 模式耦合机理的深入研究,构筑一种可以在给定激发波长下、垂直入射时产生强烈法诺共振的多尺度 PIC 阵列结构,进而促进其中的级联场增强效应而产生强烈的场热点局域。工艺上,以室温纳米压印和多参数各向异性刻蚀为技术主线,研究 PIC 结构的稳定可靠制备,其关键是使每个微腔底部有且仅有一个纳米粒子,且精确控制其大小和位置。

3.2　多尺度 PIC 纳米天线阵列的理论建模和设计

　　本章研究的 PIC 纳米天线阵列的周期单元如图 3.1 所示,金碗微腔是通过刻蚀一个边长为 l、厚度为 t 的立方体金块后形成的,其直径为 d_c,微腔深度也是 t。一个直径为 d_p 的球形金纳米颗粒置于金碗底部中心位置。整个 PIC 单元置于熔融石英衬底上,并沿 x 方向和 z 方向排列成二维周期性阵列,周期为 p。考虑线偏振平面波从 PIC 阵列上方正入射的情形,由于该结构具有 C_{4v} 对称性,因此对入射光的偏振方向不敏感,不失一般性,计算中可设电场矢量沿 x 方向。考虑到该结构针对 SERS 潜在应用,我们设计

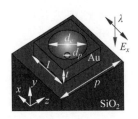

图 3.1   "金碗-金豆"纳米天线阵列的结构单元示意图

该结构在针对 4-ATP 的 720nm 的激发波长下产生最强烈的法诺共振和级联场增强。

我们采用基于有限积分法的商业软件 CST Microwave Studio 2014 进行严格数值仿真计算。计算中沿 x 方向和 z 方向设为周期性边界条件；y 方向是光入射和出射的方向，因此计算区域两端设为完美匹配层边界条件；在仿真计算区域中，金豆网格化设为 1nm×1nm×2nm，金碗设为 4nm×4nm×5nm，介质层设为自适应网格。实际加工中，需要在金膜和石英衬底间加入 3nm 厚的铬层作为粘结层，以便于金膜能稳定附着在石英衬底上。金和铬的光学常数分别采用依据 Drude 模型拟合实验数据的值及 Johnson 和 Christy 数据库中的实验数值[165]。熔融石英衬底和空气的折射率分别设定为 1.5 和 1，且忽略其微弱色散。为了便于深入分析 PIC 阵列中的模式杂化和级联场增强的物理机制，我们在下面的分析中对比研究一个没有金豆的金碗（Empty Nanocavity，ENC）阵列结构，除了金碗中没有金颗粒之外，其结构参数与 PIC 阵列一致。下面给出的场分布计算结果，如无特殊说明，均指总的电场振幅分布。对于激发的场热点的场增强因子可以按 $f=|E/E_0|$ 计算，其中 $|E|$ 为 PIC 结构中的电场振幅，$|E_0|$ 为入射光的电场振幅。因此，场增强因子 f 表示了局域的场热点的电场振幅相对于入射场振幅增强的倍数。

结合数值仿真并根据已有文献报道的研究成果，我们发现当 PIC 单元之间离的足够远、彼此没有耦合时，PIC 阵列的共振模式主要取决于单个 PIC 单元的几何结构，而阵列的周期对共振模式的影响不大（详见 3.3.3 节的讨论）。通过数值计算，可以通过结构参数调控金豆的 LSPR 暗模和金碗的高阶亮模的光谱位置、使其干涉发生法诺共振，并将法诺共振峰调到 720nm 附近（详见 3.3 节的讨论）。考虑到实际的加工能力，最终设定主要结构参数为：周期 $p=250$nm，长方体金块边长 $l=150$nm，金碗直径 $d_c=120$nm，金碗深度 $t=60$nm，金豆直径 $d_p=20$nm。

3.3　PIC 纳米天线阵列中的法诺共振和级联场增强

3.3.1　PIC 阵列中的模式杂化和法诺共振

　　为了深入分析 PIC 纳米结构中的电磁场响应和模式杂化的物理机制，我们首先对比计算了 PIC 阵列和与其类似的 ENC 阵列的远场透射和反射光谱，如图 3.2 所示。由图 3.2(a)的 ENC 光谱可以看到，在波长 700～1000nm 的范围内，反射光谱上存在两个显著的共振峰，这是由金碗在正入射下激发的两个高阶腔共振模式（即所谓的 $^1D_+$ 模和 $^1P_+$ 模）所致[173,174]。关于金碗中的腔模式，已经在 Cole 及 Huang 等人的工作中有详细研究[170-174]。我们通过计算这两个共振波长处的场分布，如图 3.3 所示，并和文献[173]中金碗的微腔模式比较，可以确定是这两个高阶模式。这里需要说明的是，我们设计的 PIC 结构置于石英衬底上，而文献[170-174]中研究的 ENC 结构是置于无限厚的金衬底上的，因此两者的场分布略有差异，但其模式场分布特征是很一致的。在这两个模式中，我们对 $^1D_+$ 模式更感兴趣，因为其共振波长在目标波长 720nm 附近，且其场热点也主要分布在金碗底部（最大场增强因子可达 250），便于和纳米颗粒发生强烈耦合。

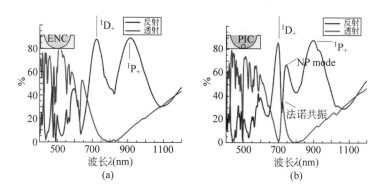

图 3.2　计算所得的(a)ENC 和(b)PIC 纳米天线阵列的远场透射和反射光谱

　　另外要特别说明的是，图 3.3 中的场分布看起来有一些不对称，这和该物理问题本身的对称性是明显不相符的。这种不对称是 CST 软件的图像后处理导致的，并不代表计算结果本身的不对称。这一问题在本章的其他场分布图中也不同程度地存在。尽管作者已经通过调整软件参数设置努力将这种绘图导致的不对称减到最小，但仍然没有完全消除，读者在阅读时需

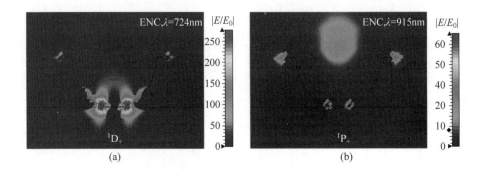

图 3.3   计算所得的 ENC 阵列中的共振模式场分布

(a) 波长为 724nm 的入射光激发的^{1}D$_+$模式的场分布；(b) 波长为 915nm 的入射光激发的^{1}P$_+$模式的场分布。

要格外注意，以免产生误解。

接下来，我们研究在金碗中引入金豆后（即形成 PIC 结构）对腔模式及其场分布的影响。计算所得的该 PIC 阵列的远场透反射光谱如图 3.2(b) 所示。和图 3.2(a) 对比可见，金纳米颗粒的加入使得微腔的^{1}D$_+$模和^{1}P$_+$模之间出现了一个新的共振峰，该共振峰是由金颗粒与其镜像耦合形成的 LSPR 暗模所致，称为"NP 模"[173,174]。该模式本质上是一种亚辐射模（即暗模），因此无法被入射光直接激发（通常，20nm 的球形金属纳米颗粒能被激发的具有远场辐射特性的 LSPR 亮模的共振波长大约在 520nm 附近，如图 1.4(a)中所示[75]），对应的共振峰也具有更窄的线宽。该模式的出现也会导致^{1}D$_+$模和^{1}P$_+$模共振频率的轻微改变。

我们注意到，NP 模与^{1}D$_+$模的共振波长离得很近，而且两者的场分布在空间上也是高度重叠的，因此这两个模式之间会发生强烈的相互耦合而形成法诺共振，如图 3.2(b)所示，在 720nm 处产生了一个明显的透射峰；相应地，在反射光谱上出现一个明显的谷。这是没有金球的 ENC 结构中所不具有的现象。

在 PIC 结构设计中我们发现，金豆的尺寸对法诺共振峰的位置有显著影响，同时也对级联场增强导致的场热点分布和增强因子有影响。我们数值仿真了纳米颗粒尺寸变化对场增强因子和法诺共振峰位置的影响，如图 3.4(a)和 3.4(b)所示。其中图 3.4(a)计算的场增强因子取金颗粒附近最强的场热点中心位置，如图 3.5(c)中红色箭头指示的位置。由图 3.4(b)的计算结果可见，随着金豆的尺寸 d_p 增大，法诺共振峰位置逐渐发生红移

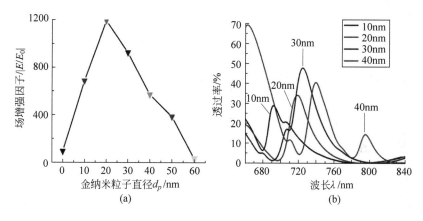

图　3.4

(a)理论计算金碗金豆纳米结构中纳米粒子大小对场增强因子的影响;(b)纳米粒子对法诺共振峰波长的影响。

(当红移太大时,NP 模甚至转而与 ^{1}P$_+$ 模干涉而产生法诺共振),如图 3.4(b)中箭头所指示的变化趋势。当 $d_p=20$nm 时,法诺共振波长恰好被调节到预期的 720nm 处,此时对应的 720nm 波长激发下的场增强因子也达到最大值(超过 1000),如图 3.4(a)所示。因此,$d_p=20$nm 是最优的金豆尺寸比较 Cole 等人对 ENC 结构的研究中,尽管通过改变金碗直径、沉积金膜的厚度以改变腔的深度、及倾斜入射等方式使共振峰产生一定移动,但并不十分显著[170-173];而且空碗 ENC 结构中只有腔模式,并没有其他模式与之耦合,因此对远场光谱和近场热点的调控能力有限。在 Huang 等的研究人对 PIC 结构的研究中[174],虽然从理论上分析了级联场增强效应的存在,但由于实验中采用的化学自组装方法不能准确控制金豆在金碗中的空间位置、大小、团聚状态等,因此无法有效实现高阶腔模式与纳米粒子的 NP 模相互耦合,从而也无法实现对法诺共振波长和场增强热点的准确控制。因此,和这些前人工作相比,本文构筑的 PIC 结构既能实现对法诺共振波长的灵活调控,从而在给定波长实现最强烈的共振,也便于垂直入射下的应用,工艺上也更容易制备。

3.3.2　PIC 纳米结构中的级联场增强

接下来,我们具体分析 PIC 阵列中的级联场增强。图 3.5 给出了 PIC 阵列中四个关键波长处的 ^{1}D$_+$ 模、NP 模、法诺共振、及 ^{1}P$_+$ 模的场分布计算结果。将图 3.5(a)和图 3.5(d)中的场分布与 ENC 阵列中对应的 ^{1}D$_+$ 模和

^{1}P${}_+$模的场分布比较,如图 3.3(a)和图 3.3(b)所示,可以看到,虽然 PIC 结构中增加的金豆对腔模式产生了一定扰动,但 PIC 结构和 ENC 结构中的高阶模 ^{1}D${}_+$ 和 ^{1}P${}_+$ 的场分布特征是基本相同的。所不同的是场增强,PIC 结构中由于引入了金纳米颗粒而产生模式杂化耦合,促进了级联场增强效应,使 PIC 中两个高阶模的场增强要比 ENC 中高出一倍以上。图 3.5(a)中的 ^{1}D${}_+$ 模场增强因子达到 500,而图 3.3(a)的最大场增强因子只有 250。同时,由于 ^{1}D${}_+$ 模与金属纳米颗粒的 NP 模干涉产生法诺共振,从而在预期的 720nm 波长处产生显著的级联场增强,如图 3.5(c)所示,其最大场增强因子可达 1000 以上,是 ENC 结构中的 4 倍,且场热点位置也向金豆上方移动,更加有利于增强光与物质的相互作用。

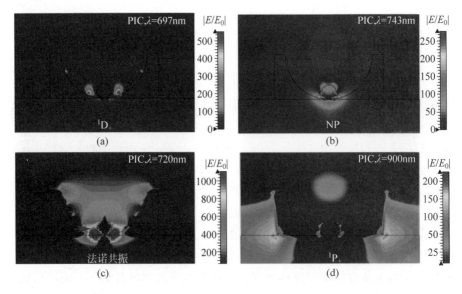

图 3.5   计算得到的 PIC 阵列中不同激发波长下的模式场分布

(a) 在 697nm 波长激发下的 ^{1}D${}_+$ 模式的场分布;(b) 在 743nm 波长激发下的 NP 模式的场分布;(c) 在 720nm 波长激发下的法诺共振的场分布,红色箭头处是;(d) 在 900nm 波长激发下的 ^{1}P${}_+$ 模式的场分布。

3.3.3   关键几何参数的变化对级联场增强效果的影响

（1）阵列周期变化对共振特性的影响

我们研究了阵列周期 p 对于 ENC 中共振峰位置的影响,如图 3.6 所示。可见,随着周期 p 从 220nm 逐步增大到 250nm 和 280nm, ^{1}D${}_+$ 模和

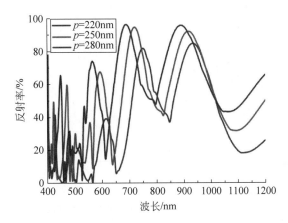

图 3.6　数值计算得到的 ENC 阵列的反射光谱随阵列周期 p 变化的依赖关系

$^1P_+$ 模的共振峰发生红移。随着周期 p 增加 60nm，$^1D_+$ 模的峰值波长 λ_{res} 从 685nm 红移到 750nm，红移量约为 65nm，从而得出共振峰波长对周期的灵敏度约为 $\Delta\lambda_{res}/\Delta p \approx 1$。这种共振峰与阵列周期的依赖关系，也为精确调控法诺共振峰的位置提供了一种有效手段。

（2）金纳米颗粒与微腔底部接触面积的变化对级联场增强和共振特性的影响

金豆与金碗底部的接触方式对场分布、场增强和法诺共振都有影响。考虑到我们实际制备的金豆是通过刻蚀金膜产生的，是与金碗同步刻蚀得到的，因此金豆与金碗底部有直接的物理接触，之间并没有其他物质（如光刻胶等）隔离。在前面的数值仿真中，我们都设定金豆与金碗底部是理想的点接触。但实际两者之间有一定的接触面积，接触面积的大小会对法诺共振及级联场增强效果产生怎样的影响，这是我们在本节中要研究的问题。我们假设金豆与金碗的接触半径为 r_{pad}，另外为了对比，我们也计算了当金豆与金碗之间被介质层隔离开的情形，隔离层厚度为 s，隔离介质的折射率设为 1.48。

在保持其他几何面型参数不变的条件下，我们首先计算了不同 r_{pad} 和 s 取值对 PIC 阵列的远场光谱的影响，如图 3.7 所示。可见，当金豆和金碗没有接触（即 $s>0$ 时），产生的法诺共振是很微弱的；而当两者接触时，会产生强烈的法诺共振，且随着接触面积 r_{pad} 的增加，法诺共振峰的强度会逐渐减弱，且共振波长有轻微蓝移。这说明了，第一，保持金豆与金碗的直接接触，对于产生所需的法诺共振是很重要的，而我们的制备工艺保证了这一点

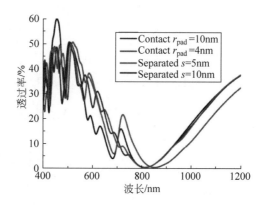

图 3.7　数值计算得到的 PIC 阵列的法诺共振峰随着金豆和
金碗接触面积或隔离距离的变化关系

（详见 3.4.3 节的讨论）；第二，接触面积的增大会减弱法诺共振效果，但当接触面积比较小的时候（如 $r_{pad}=4nm$ 时），法诺共振光谱与图 3.2（b）中的理想点接触情形（$r_{pad}=0nm$）差别不大，只是共振峰幅值略有降低。

　　相应地，我们还计算了当 r_{pad} 和 s 变化时 PIC 结构中场热点分布和场增强的变化，如图 3.8 所示。可见，随着接触面积增加，PIC 中场热点的增强因子逐渐降低。当 $r_{pad}=4nm$ 时，最大场增强因子约为 400，大约是理想点接触情形（$r_{pad}=0nm$）时的 1/3，如图 3.8（b）所示。当 $r_{pad}=10nm$ 时，纳米颗粒已经严重变形为半球形，此时的场增强因子只有大约 120，如图 3.8（a）所示。

　　综上所述，随着金豆与金碗物理接触面积的增加，PIC 结构中产生的法诺共振和级联场增强都会削弱。因此在结构的制备中，要尽量控制好纳米球的大小、位置、以及与金碗的接触面积。

　　另一方面，也研究了金豆与金碗间有隔离层的影响（虽然我们不会实际制备这种结构）。如图 3.7 所示，当 $s=5nm$ 或 10nm 时，在 720nm 邻近区域，几乎没有产生法诺共振。当 $s=5nm$ 时，由于 LSPR 产生强局域的热点，几乎到了表面等离激元的量子作用尺度（$v_F/\omega \sim 1nm$）。$s=5nm$ 时，我们计算得到最大场增强因子约为 1200，与理想物理接触（$r_{pad}=0nm$）的 10^3 在同一个数量级。显著不同的是场分布，在金豆与金碗分离的数纳米的极窄间隙处，形成了高度局域的 LSPR 场热点。这一点和 Huang 等人的理论计算结果是一致的，他们考虑利用自组装中的分散剂作为隔离层，获得高度局域的 LSPR 模式[174]。但是考虑到实际加工的能力，这样的结构很难实

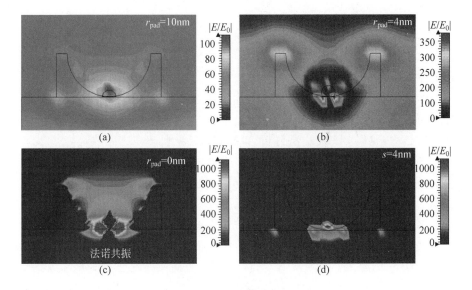

图 3.8　计算得到的 PIC 中随着金豆和金碗接触面积或隔离距离的变化导致的
场热点分布和场增强的变化

（a）$r_{pad}=10nm$ 时的场分布；（b）$r_{pad}=4nm$ 时的场分布；（c）$r_{pad}=0nm$ 时的场分布；（d）$s=4nm$
时的场分布。

现，即使用分散剂做隔离层的方法也难以精确控制隔离层厚度。因此，$s>0$
的结构设计既难以实现，也是没有多大实用价值。

　　虽然我们无法用实验方法实际测量所制备的 PIC 结构中金豆和金碗
的接触面积，但根据上述讨论可知，可根据测量的远场法诺共振光谱以及
SERS 实验中得到的增强因子，推断出 r_{pad} 不超过 4nm（详见 3.4.3 节和
3.6.3 节的分析）。

3.4　PIC 纳米天线阵列的加工制备

3.4.1　构型分析

　　根据理论设计，要求在 PIC 阵列制备时要保证每个金碗底部有且仅有
一个 20nm 大小的金颗粒，同时还要求制备方法具有大面积、低成本、高效
率等特点。前人通过纳米球刻蚀和蒸镀金膜的工艺技术，制备了碗形纳米
微腔阵列。然而如果要把纳米颗粒置入金碗，还缺乏精确控制颗粒大小、空
间位置、数目、团聚状态的有效手段。不仅如此，这种方法制备的 PIC 结构

还存在大面积的缺陷,使得器件的均匀性、可再现性都比较差。以电子束光刻技术为代表的平面内加工技术,如果要实现这种 PIC 多尺度结构,需要在平坦化层的辅助下多次套刻。但对于同时制备碗形的渐变结构和另一个小尺度的金颗粒,还是很难实现。

本节中,我们使用室温纳米压印和多参数各向异性刻蚀技术,通过利用光刻胶材料的相分离性质实现金碗-金豆多尺度结构的加工。对于这种复杂纳米结构,我们要先做构型分析,以确定合适的加工工艺路线。

在本文第 2 章的 M 面型光栅的加工中,采用双层光刻胶的室温压印工艺,通过选择合适的刻蚀参数,可实现多尺度的 M 面型光栅。但如果直接采用这种工艺方法,还是无法制备出 PIC 结构。其原因在于在金碗-金豆多尺度结构中,碗形渐变结构本身就是一个多尺度结构,引入金纳米颗粒后相当于又新增了一个尺度。因此,PIC 结构的制备要比 M 光栅更加困难。为了解决这一难题,我们可把 PIC 结构的多尺度刻蚀问题分解为两个部分,即先考虑如何控制实现渐进凹陷的碗形微腔,再实现单个的金纳米颗粒。

首先,考虑碗形微腔。碗形腔凹陷的面型特征,对应于工艺上的要求在于用渐变掩模实现渐进刻蚀。这与构筑 M 面型光栅的刻蚀方法是基本一致的,只需要调节纵向和侧向刻蚀的合速度。因此,可同样选择双层光刻胶工艺路线。

其次,考虑 HSQ 的固化特性。顶层 HSQ 光刻胶在氧等离子作用下会渐近固化,如果进行适当的热处理(如退火),可提高其交联度,实现调节刻蚀选择比。热处理可以使外侧和边角处 HSQ 交联的更充分,形成抗刻蚀能力增强的侧壁。热处理也与氧等离子作用类似,可以促进 HSQ 光刻胶图形表面尤其是边角处的 $Si(OH)_x$ 中的 H 离子释出,增加 SiO_x 的成分,提高抗刻蚀性能,这样形成边缘抗蚀性强而中心抗蚀性逐渐减弱的梯度 HSQ 掩模,底层光刻胶也将辅助实现梯度刻蚀。因此,碗形结构可以在调节 HSQ 的刻蚀选择比的条件下获得。

再次,金纳米颗粒的形成。反应离子刻蚀可以实现各项异性刻蚀,产生特殊形貌的纳米粒子。借助延长刻蚀时间,并控制各向异性刻蚀的速率,可实现刻蚀过程中的形貌控制。同时可以通过调节刻蚀条件,使更小的纳米颗粒被更快地刻蚀掉,以获得单个纳米颗粒。也就是说,在获得 HSQ 渐变掩模的基础上,还需探索在一次刻蚀过程中同时形成金碗和金豆的规律。

最后,需要研发一种特殊性能的底层光刻胶 PMMA-b-PS。在 M 光栅的制备中底层光刻胶使用的是 PMMA,对热处理和刻蚀选择比是均匀的,不太适合于具有渐变形貌的金碗结构制备工艺。因此对于多尺度 PIC 结构的刻蚀,需要引入非均匀的底层光刻胶以满足工艺要求。为此,我们研制的双组分嵌段共聚物 PMMA-b-PS 能满足这样的要求,在热力学上,它有两个相变温度。相变温度高的组分 PS 相对 PMMA 有更好的热稳定性,也有更强的抗刻蚀能力。热处理后这种光刻胶掩模形成分离的网状结构,从而有助于实现需要的纳米颗粒。因此,在 PIC 纳米天线的加工中,选择 HSQ/PMMA-b-PS 双层光刻胶作为掩模材料,结合退火工艺,即有可能在一次刻蚀过程中实现多尺度金碗-金豆结构的制备。基于上述思路,因此仍然选择室温纳米压印工艺和反应离子刻蚀工艺相结合的技术实施路线。

3.4.2　PIC 阵列制备的工艺流程

PIC 阵列制备的具体工艺流程如图 3.9 所示:

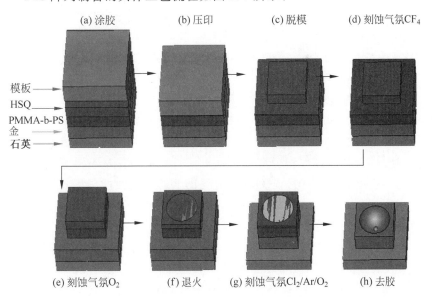

图 3.9　室温纳米压印和多参数各向异性刻蚀制备 PIC 阵列的工艺流程图

(1) 涂胶:工艺中要使用两种光刻胶,底层 PMMA-b-PS 共聚物光刻胶是实验室自制的,分子量配比为:PMMA/PS——21000/64000g·mol^{-1}。在覆盖于石英衬底上的金膜上依次旋涂 250nm 的 PMMA-b-PS 和 150nm 的 HSQ(Fox-14, Dow Corning Inc. , USA)。PMMA-b-PS 层在 107℃下前烘 2 分钟,HSQ 层不做前烘(或者在 50℃低温度下处理)。如图 3.9 中步骤(a)所示。

（2）压印：用预先制备的压印模板对光刻胶层进行压印，脱模后需用反应离子刻蚀去除 PMMA-b-PS 表面上残留的 HSQ 光刻胶，刻蚀条件是：CF_4，40sccm，2Pa，40W，10～15s。这不同于 M 面型光栅制作中打底膜使用的气氛，是因为要保护顶层 HSQ，使其尽量少被刻蚀，以平衡后续刻蚀速度，所以这里仅仅为了去除沟槽中的光刻胶残余，不需要用第二组分 O_2。如图 3.9 中步骤（b）～（d）所示。

（3）刻蚀形成 PMMA-b-PS 微纳结构：用 HSQ 作为掩模，刻蚀其下层的光刻胶 PMMA-b-PS，使得图形化的结构转移到 PMMA-b-PS 层中，刻蚀条件是：O_2 48 sccm，2Pa，40W，90s。如图 3.9（e）所示。

（4）退火：让样片在 1 分钟内快速升温到 $175\pm5℃$，然后保持 5～7 分钟，10～30 秒钟内在冷却台上快速冷却到室温。工艺上选择 $175\pm5℃$ 的理由在于两个方面，一是 100nm 以下的金膜晶体重构温度在这个范围内，二是 PMMA-b-PS 光刻胶中的 PMMA 的粘流温度（Viscous flow temperature）$T_f \sim 175℃$[156]。退火后，在 PMMA-b-PS 层的 PMMA 和 PS 间产生一定的界面张力，使其产生撕裂现象而形成中间薄、四周厚的渐变掩模。如图 3.9（f）所示。

退火是多尺度 PIC 结构制备的关键步骤。由于 PMMA 和 PS 的玻璃化温度不同，快速退火使得 PMMA-b-PS 产生相分离[175]，生成"海-岛"结构，熔融态的 PMMA 组分有趋边界的倾向，向外扩散，而中心 PS 组分保持相对稳定。在退火后，相分离的 PMMA-b-PS 光刻胶形成梯度掩模，中心虚薄，周边厚实。PS 在 Ar、O_2 和 Cl_2 气氛下的抗刻蚀能力大约是 PMMA 的 1.5～2 倍。因此在后续刻蚀工艺中微纳结构中 PMMA 成分会较快速地被刻蚀掉，留下松散的网状结构 PS 则暂时保持相对稳定，即使在 Ar、O_2 和 Cl_2 气氛中刻蚀 60 秒还能保持住。退火产生的应力引起 PMMA 弥散分离，并使得位于金碗中心的光刻胶在刻蚀过程中所形成的脆弱网状结构在后续进一步刻蚀过程中最终发生坍塌，为形成金豆创造了条件，如图 3.9 中步骤（f）所示。

（5）渐变的多尺度金碗-金豆形貌的刻蚀：以 HSQ 和 PMMA-b-PS 双层光刻胶为掩模，刻蚀光刻胶下方的金膜，刻蚀条件是 O_2 5sccm/Ar 20sccm/Cl_2 10sccm 70W，16Pa。在该混合等离子体气氛中，Ar 主导刻蚀金膜，但也会轰击 HSQ 层而使之减薄。O_2 等离子体从外而内渐进地固化 HSQ 层，并刻蚀 PMMA-b-PS 层，形成微纳结构周边固化成抗蚀性能高的 SiO_x 围墙，而中心的 $Si(OH)_x$ 会边刻蚀边固化，在 Ar 离子轰击下 HSQ 光刻胶本身就被刻蚀成"碗"状形貌。在继续刻蚀中"碗"形 HSQ 从中心被刻透,并且窗口逐渐扩大,而下层 PMMA-b-PS 中的 PMMA 迅速被氧离子轰击掉,Ar 离子穿过松散的 PS 网状结构继续轰击下面的金膜,在刻蚀 PMMA-b-PS 层的过程中,金膜中的半球微腔在这种渐变的光刻胶掩模下逐渐形成,如此过程逐渐把 HSQ"碗"形结构转移到金膜中。与此同时,O_2 等离子还有利于减少轰击出来的金粒子的侧向堆积。在刻蚀的某个阶段,"碗"形 HSQ 底开口大到一定程度,松散的 PS 网状结构支撑不住时就会发生坍塌,大部分残留的 PS 聚集到下层"金碗"微腔的底部中央部分,为形成金豆创造了条件;Cl_2 等离子体的主要作用是辅助刻蚀金膜及调节刻蚀气氛的等离子体属性。

与此同时,金纳米颗粒也是在同一高度由侧向刻蚀和纵向刻蚀的合速度决定的。在由于坍塌聚集到碗状微腔底部中央部分的 PS 聚团掩蔽下,在金碗逐渐扩大的同时,碗底中央部分的 PS 聚团也会产生梯度刻蚀效果,逐渐就形成了纳米金豆;进一步增加刻蚀时间,梯度光刻胶作为掩模刻蚀金膜,也就得到梯度形貌的纳米结构。而更小的纳米颗粒和零散的 PS 颗粒在等离子体物理轰击下被刻蚀掉或被轰出,最终实现在碗底中央形成与金碗底有良好接触又相对独立的纳米金豆,如图 3.9 中步骤(g)所示。

需要强调的是,金纳米颗粒的大小可以通过调整各向异性刻蚀参数来精确控制。例如,当调整参数为 O_2 10sccm/Ar 20sccm/Cl_2 10sccm, 16Pa, 70W, 150s 时,通过增大 O_2 离子剂量,可以加快 PMMA-b-PS 层的刻蚀速率,使之来不及发生坍塌,从而可以得到金碗中不含金豆的 ENC 结构。

所有刻蚀过程完成后,将样品放置在丙酮中浸泡 30 分钟,水浴超声除去残余光刻胶,并经氮气吹干即可得到稳定的 PIC 或 ENC 结构。

图 3.10 是用扫描电镜(SEM,FEI Serion 2000)表征的 ENC 和 PIC 结构的形貌图,其中两张插图分别给出了两种结构的局部俯视放大图。可以清楚地看到,在图 3.10(b)所示的 PIC 阵列中,金碗的几何面型均匀一致,且每一个金碗中都有且仅有一个金豆,位于每个金碗的底部中央。图 3.10(a)中的 ENC 结构中也具有和 PIC 中类似的高质量金碗几何结构,但金碗中没有任何金豆。这证明了我们提出的多尺度纳米制备方法是稳定的、可靠的、且精确可控的。

3.4.3　多尺度纳米结构加工中的关键工艺问题

在本节中,我们将详细讨论 PIC 结构的制备工艺,重点是几个关键工

图 3.10　室温纳米压印和多尺度刻蚀后制备的样品 SEM 图

(a) ENC 结构；(b) PIC 结构。其中的插图分别是两种结构的局部放大俯视图。

艺问题，即金膜的刻蚀、金豆的形成机理、对金豆位置和大小的控制方法、以及残胶的去除。

（1）金膜的刻蚀

在 PIC 结构的制备中使用反应离子刻蚀技术，不同于聚焦离子束（Focused Ion Beam，FIB）直写的高速率，原因在于金膜相对低的刻蚀速率和刻蚀过程中因反溅作用的物理堆积少。解决办法是在刻蚀气氛中用 O_2 等离子体辅助刻蚀。不同于 FIB 中直接用镓（Gallium，Ga）离子源物理轰击的工艺过程，在 Cl_2，O_2，Ar 等离子体作用的反应离子刻蚀中，金膜的刻蚀速率大约比只有 Ar 等离子体气氛下的刻蚀速率提升 2～3 倍。反溅是金膜刻蚀工艺中常见的物理现象，在于高能电子束作用在光刻胶上的局域热效应，使得光刻胶玻璃化转变，从而容易发生吸附沉积下来的金团簇。我们的解决方法是利用复合等离子体气氛中的 O_2 等离子体的轻微侧向刻蚀，避免侧向堆积。这是因为玻璃化转变的光刻胶更容易被 O_2 等离子体烧蚀。

以上工艺方法，对于用反应离子刻蚀方法制备多尺度的复杂金纳米结构有重要的指导意义。刻蚀条件是在多参数多尺度刻蚀原理的基础上总结的经验依据，每个参量选择需要根据刻蚀材料、气氛、工作压强、衬底温度、掩模物化性质等作出针对性的判断，在合适的范围内选择刻蚀条件。

（2）金纳米颗粒的形成

HSQ 和 PMMA-b-PS 共聚物双层光刻胶作为金膜的刻蚀掩模，前者不是被 O_2 等离子体刻蚀，而是渐进固化，被 Ar 离子刻蚀；后者经热退火会发生相分离，被 O_2 等离子体刻蚀。选择这种特殊的双层光刻胶掩模的目的是为了实现 PIC 多尺度结构的特殊形貌制备。

在热退火过程中，底层光刻胶 PMMA-b-PS 在热应力诱导下，两相组分间形成界面张力，PMMA 组分由于趋边效应会向外侧扩散，而 PS 组分则保持相对稳定。相分离发生后,使得整个底层光刻胶 PMMA-b-PS 变化为梯度掩模:靠近金立方体外侧区域的 PMMA 组分要比中间区域多一些。PMMA 和 PS 的抗刻蚀能力明显不同,PS 的抗刻蚀能力约是 PMMA 的 1.5～2 倍。因此,在不同刻蚀速率的引导下,PMMA-b-PS 层转变为渐变掩模,中间区域 PMMA 相对快速被刻蚀,剩下松散网络结构的 PS 支撑体,而外侧则相对较慢被刻蚀。对样片刻蚀 60s 后取样的 SEM 图十分清楚地说明了这一过程,如图 3.11(a)所示,可见每个掩模微腔中部都有一个颗粒状的光刻胶堆积区域,这证明了我们提出的刻蚀机制。位于微腔中心的光刻胶堆积区较其邻近区域的光刻胶厚一些,所以在这个光刻胶堆积区下方的金膜被其掩蔽,并在渐进刻蚀中逐步将图形转移到下方的金膜层中,最终形成金纳米颗粒。由此可见,这一工艺可以保证在刻蚀过程中在每个微腔中最终只形成一个金纳米颗粒。在刻蚀过程中,掩模微腔的形貌也逐渐转移到金膜层中,因此光刻胶微腔的大小决定了后续刻蚀出的金膜微腔的大小。

另外,从上述讨论可知,PMMA-b-PS 光刻胶是制备 PIC 阵列的关键因素之一。如果用单组分 PMMA 光刻胶代替 PMMA-b-PS 光刻胶层,实施同样的加工过程,只能产生纳米圆盘,如图 3.11(b)所示,这说明了利用 PMMA-b-PS 相分离性质的重要性

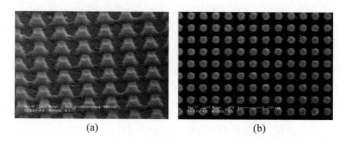

(a)　　　　　　　　　(b)

图 3.11　PIC 制备过程中对关键工艺参数影响的分析

(a) 刻蚀 60s 后得到的覆盖有光刻胶的纳米微腔结构;(b) 用 PMMA 光刻胶代替 PMMA-b-PS 光刻胶后,用相同工艺只能制备得到纳米圆盘阵列。

(3) 对金纳米颗粒尺寸和位置的控制

在多尺度刻蚀工艺中,金纳米颗粒的尺寸是由刻蚀条件精确控制的,所以需要合理控制刻蚀时间和刻蚀参数。例如,如果将 O_2 的气体流量从 5sccm 增加到 10sccm,并将刻蚀时间由 120s 延长到 150s,保持其他参数不变,则可以得到 ENC 结构。

金纳米颗粒的位置会影响到微腔中的模式耦合和场分布。根据上述刻蚀机制可知,金纳米颗粒的形成位置位于金碗底部。在掩模中心区域的光刻胶,是由于热退火导致光刻胶 PMMA-b-PS 的张应力坍塌所致。当光刻胶坍塌在掩模微腔的中间后,在等离子体的物理轰击下,光刻胶会进一步向微腔中部聚集,可以从图 3.11(b)中看到聚集在微腔中部的球形光刻胶区域,因此最终刻蚀形成的金纳米颗粒也必然位于金碗底部的中央区域。

（4）残胶的去除

在刻蚀金属的过程中,时常伴有残余光刻胶污染金膜、侧向不稳定堆积等,影响到器件的稳定性和工作性能。金纳米颗粒如果附着有残胶,也会显著改变其介电环境,直接影响 LSPR 共振频率、模式场分布、场增强、杂化、法诺共振及级联增强物理过程,导致与理论计算的不符。因此必须保证制备出的金属纳米结构(尤其是金豆周围)不含残留的光刻胶。针对这一问题,我们对 PIC 结构的材料成分进行了实验分析。

通过对比发现,图 3.11(a)上有一层清晰的光刻胶,而在经过丙酮浸泡超声后的图 3.10(a)和图 3.10(b)中都没有看到光刻胶残留,也没有出现腔壁倒塌。这说明对残胶的清理是彻底的,也证明我们提出的刻蚀机理的是稳定可控的;金豆颗粒是经刻蚀产生并且与金碗底部相连的,而不是刻蚀出的金侧向堆积形成的。

为了进一步检测制备的样片中是否有残留光刻胶成分,我们用 X 射线能量散射光谱仪(Energy Dispersive X-Ray Spectroscope,FEI Serion EDX)对 PIC 样品的元素组成进行了测量表征,如图 3.12 所示。可见,三个特征峰表明样品的材料组成中包含 O(氧)、Si(硅)和 Au(金)这三种主要元素。O 和 Si 来自于衬底材料熔融石英;在 O 的特征峰包络下,在 0.57keV 处是 Cr(铬)的特征峰,它来自于金膜和熔融石英衬底之间的 3nm 粘结层。经过丙酮超声浴后,如果还有光刻胶残余,则在 EDX 光谱中会表现出 C(碳)元

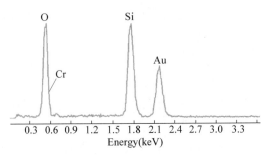

图 3.12　PIC 金纳米结构的能量色散 X 射线光谱仪

素的峰(其特征峰在 0.27keV)。但是,从图 3.12 中并没有发现 C 峰,这说明 PIC 样片中的残胶被清理得很干净,制备出的结构是稳定的。

综上所述,和前人基于纳米球刻蚀结合化学自组装方法制备 PIC 阵列相比,按本文工艺路线制备的 PIC 阵列具有更好的近远场光学特性,且对结构尺寸的控制更加稳定、精确和可靠。主要优势有,不同于前人的纳米球刻蚀,PIC 和 ENC 纳米结构阵列是大面积、均匀一致的,有较好的可再现性;不同于自组装工艺中对微腔中纳米颗粒的数目、团聚、分散剂等无法控制,本文制备的 PIC 结构中的纳米颗粒能按理论预期的方式,实现每个金碗中有且仅有一个纳米颗粒准确定位在金碗的底部中央,从而实现对法诺共振和级联场增强效应的精准调控;不同于前人的干法刻蚀造成的侧向堆积的金颗粒的不稳定性,本文制备的 PIC 结构是内嵌在金微腔底部的纳米结构,有很好的稳定性;不同于前人的 PIC 结构需在特定的斜入射角下应用等诸多不便,本文制备的 PIC 阵列可在正入射条件下实现预期的级联场增强,便于实际应用。

3.5　PIC 阵列远场光谱特性的测量表征

为了对制备的 PIC 和 ENC 阵列结构的远场光谱特性进行实验表征,我们用光谱式椭偏仪 VASE(J. A. Woollam Co. ,Germany) 对样片的透射谱进行了测量,测量波长范围从 400nm 到 900nm,如图 3.13 所示,其中蓝色和红色曲线分别对应 PIC 和 ENC 样片的透过率光谱。通过将图 3.13 和图 3.2(a)和图 3.2(b)比较,可见实验结果和理论预测吻合的非常好。在 720nm 波长处,PIC 阵列产生了显著的法诺共振峰,而 ENC 结构中不存在这样的共振。唯一有偏差的是,实验测得的 PIC 结构在法诺共振峰处的透过率是 10% 左右,比理论计算的 35% 的峰值透过率低。这种偏差可能是由加工结构的尺寸变化、材料特性偏差、以及表面粗糙导致的额外散射损耗造成的。

综上所述,和前人基于纳米球刻蚀结合化学自组装方法制备 PIC 阵列相比,按本文工艺路线制备的 PIC 阵列具有更好的近远场光学特性,且对结构尺寸的控制更加稳定、精确和可靠。主要优势有,不同于前人的纳米球刻蚀,PIC 和 ENC 纳米结构阵列是大面积、均匀一致的,有较好的可再现性;不同于自组装工艺中对微腔中纳米颗粒的数目、团聚、分散剂等无法控制,本文制备的 PIC 结构中的纳米颗粒能按理论预期的方式,实现每个金

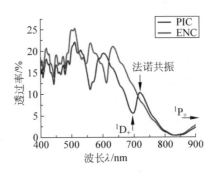

图 3.13 用椭偏仪测量得到的 PIC 阵列和 ENC 阵列的远场透射光谱

碗中有且仅有一个纳米颗粒准确定位在金碗的底部中央,从而实现对法诺共振和级联场增强效应的精准调控;不同于前人的干法刻蚀造成的侧向堆积的金颗粒的不稳定性,本文制备的 PIC 结构是金豆内嵌在金碗底部的整体纳米结构,有很好的稳定性;不同于前人的 PIC 结构需在特定的斜入射角下应用等诸多不便,本文制备的 PIC 阵列可在正入射条件下实现预期的级联场增强,便于实际应用。

3.6　PIC 阵列用作 SERS 衬底的实验研究

3.6.1　待测样品制备和 SERS 信号探测

将制备出的 PIC 阵列和 ENC 阵列用作 SERS 衬底,在 720nm 激发波长下对比测试其 SERS 增强性能,从而验证场热点的生成及其对光与物质相互作用的增强。实验中的待测物质是 4-氨基硫酚有机小分子(4-aminothiophenol,4-ATP,Sigma-Aldrich Co.,浓度 0.1μM)。将用作衬底的 PIC 样片和 ENC 样片浸泡在 0.1μM 的 4-ATP 分子的无水甲醇溶液中 3 小时,4-ATP 分子中含有的硫与金膜发生化学吸附,形成 S-Au 稳定的化学键,获得 4-ATP 有机小分子在金纳米结构的表面的自组装,多余的 4-ATP 有机小分子用异丙醇淋洗几次去除,即可得到金表面稳定的单分子层。

仍然使用 2.4 节中的拉曼光谱仪系统检测 4-ATP 分子的拉曼信号。唯一不同的是,使用超连续光源(Fianium,SC-400-PP,UK)调谐出射波长为 720nm,出射功率为 0.06mW。4-ATP 有机小分子的参考拉曼信号收集自 PIC 和 ENC 样片上没有图形化的平整金膜区域。

图 3.14 所示是测得的 4-ATP 分子分别在 PIC 衬底、ENC 衬底及平整金膜上的拉曼光谱。其中,平整金膜上的参考光谱被放大了 10 倍。从图中可见,无论是 PIC 衬底还是 ENC 衬底,探测到的 4-ATP 分子振动模式都是一致,对应的共振峰的位置几乎没有拉曼红移或蓝移,因此,电荷转移化学因素对拉曼散射增强的贡献可以不计。相比 PIC 和 ENC 纳米结构上的 SERS 信号,参考光谱即使放大 10 倍,几乎只有几个很弱的特征分子振动模式峰;而 PIC 衬底上所收集得到的 SERS 信号是最强的,不仅远强于参考光谱几个数量级,也是 ENC 衬底上的 SERS 信号强度的 4 倍。

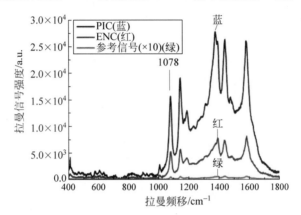

图 3.14　不同衬底上实验测量 4-ATP 分子的 SERS 增强光谱

蓝线和红线分别对应金碗金豆和金碗的 SERS 信号,绿线是 4-ATP 分子体材放大 10 倍信号拉曼信号作为参比。

3.6.2　SERS 增强因子估算

在 2.4.3 节中,我们讨论了 SERS 增强因子的估算,如公式(2-1)所示。这里,我们同样对实验中 SERS 增强因子进行估算。为此,要先对 4-ATP 分子数进行估计,可按如下方法进行估算。考虑一个直径为 $1\mu m$ 高为 $20\mu m$ 圆柱形光斑范围内包含的 4-ATP 溶液的分子数,则 N_{bulk} 按照下述表达式计算:

$$N_{bulk} = AhN_A\rho/M \tag{3-1}$$

式中 A 为激光光斑面积,h 是光斑入射到 4-ATP 分子溶液的有效层深度中贡献拉曼散射的分子数目。假设激光光斑是理想的聚焦平面波,N_A 是阿伏加德罗常数(Avogadro Constant),ρ 和 M 分别是 4-ATP 有机分子的密度和分子量。则由式(3-1)可估算出 $N_{bulk} \approx 4.4 \times 10^{-9}$，而 $I_{bulk} \approx 40$。则可以算出 I_{bulk}/N_{bulk} 约为 9×10^{-9}。

接着估算 I_{SERS} 和 N_{SERS}。实验中，我们用的 4-ATP 分子溶液浓度为 $0.1\mu M$，化学吸附在 PIC 和 ENC 结构表面上，因为 4-ATP 分子与金膜之间形成稳定的 Au-S 化学键，从而形成 4-ATP 单分子层。在没有金的区域，因为不存在这样的化学吸附，就没有 4-ATP 分子。即使有少量的 4-ATP 分子残余，在多次异丙醇溶剂的淋洗下，可以忽略不计。因此，我们只需要估算一个光斑面积下金纳米结构区域经化学吸附的 4-ATP 的总数目。N_{Surf} 可以根据下式估算[28]：

$$N_{Surf} = nA/\sigma \tag{3-2}$$

其中 n 是在测量光斑面积 A 范围内包含的金纳米结构单元的数目，σ 是单个 4-ATP 分子的自由排除面积，大约是 $0.2nm^2$。因此，可以估算在 PIC 和 ENC 纳米结构表面化学吸附的 4-ATP 分子的数目分别约为 1.9×10^6 和 1.85×10^6。

SERS 的增强因子 EF 可以通过公式(2-1)来估算。我们考虑 4-ATP 分子的 $1078cm^{-1}$ 特征振动模式，分别读取对应的拉曼信号强度 I_{SERS} 和 I_{bulk}；N_{surf} 和 N_{bulk} 分别由公式(3-2)和公式(3-1)计算得到。代入公式(2-1)，则可分别估算出 PIC 和 ENC 衬底上实现的 SERS 增强因子分别为 10^7 和 10^6。可见 PIC 结构的 SERS 增强因子比 ENC 结构高出了 1 个数量级。需要强调的是，这种估算方法是一种最保守的估算。在实际的 PIC 结构中，获得的 SERS 信号主要来自于金纳米颗粒临近区域的高度局域的场热点的贡献。如果仅考虑这些场热点区域内的 4-ATP 分子数，要比上述估算数目少很多，因此，根据公式(2-1)重新计算出的 SERS 增强因子可以达到 10^9。

通过上述实验，验证了 PIC 阵列作为 SERS 活性衬底，表现出了很优异的 SERS 增强特性。和前人的研究相比[173,174]，Huang 虽然从理论上设计了 PIC 级联场增强结构，但是其实验制备的结构的 SERS 增强因子只有 3.1×10^4，实验和理论很大差距，原因是无法制备出理论设计的 PIC 结构。而本章中我们设计和制备的 PIC 结构，可以对多尺度特征进行精确控制，从而使制备出的 PIC 结构具有优异的场热点局域和场增强性能，实验中获得的 SERS 增强因子比前人高 4 个数量级。这充分说明，制备出的 PIC 阵列无论是加工工艺上，还是器件性能上都是比较理想的高性能 SERS 衬底，也证明了理论设计的可靠性。

3.7　本章小结

本章以表面等离激元法诺共振原理和级联场增强原理为设计思想,通过金碗形微腔及在其底部引入的金豆形纳米颗粒,使金碗的腔模式与金豆的 LSPR 模式杂化产生法诺共振和强耦合,构筑了一种级联场增强的多尺度金属纳米结构,调控了远场光谱共振的频率。

理论上,深入研究了 PIC 纳米结构中腔模式场分布及远场共振特性,分析了腔模式与金纳米颗粒的 LSPR 模式强耦合的物理机制,研究了通过调控关键的纳米颗粒的大小、空间位置、与腔的接触形态,在给定应用背景的激发波长下,通过法诺共振构筑的级联场增强,实现了对远场光谱的深度调控,和对近场热点空间分布及场增强最大化的调控。

紧密结合实用性强的室温纳米压印技术,在 M 面型光栅制备技术基础上,深入研究多参数刻蚀机制,推进了多尺度 PIC 纳米结构可控制备。通过控制光刻胶材料相分离、调控纵向和侧向刻蚀速度,就实现了理论设计所需的金碗金豆纳米结构。这一多参数刻蚀技术为多尺度纳米结构的制备提供了实用性工艺路线。

最后,作为 SERS 衬底的应用,在 PIC 纳米结构中对 4-ATP 分子开展 SERS 探测实验,实验中获得了高达 10^7 的 SERS 增强因子,不仅验证了理论预测的级联场增强效应,也预示着金碗金豆纳米天线阵列有着巨大应用潜力和很好的实用性。

第4章 多尺度金属纳米结构制备中的关键工艺问题

第2章和第3章所研究的多尺度级联场增强纳米结构的几何构型虽然不同,但从加工制备的角度考虑,都是以室温纳米压印和多参数各向异性刻蚀为技术方法构筑的三维纳米结构,要实现这类多尺度结构的大面积、低成本、稳定可控的制备,有一些共性的关键工艺问题需要解决,如压印中的模板滑移、脱模、光刻胶剩余,以及各向异性刻蚀中的保真性刻蚀和图形转移、及高分辨结构的刻蚀等问题。

模板滑移,是指在压印过程中由于光刻胶在机械压力下发生流动,导致压印图形错位、划伤光刻胶表面,影响图形分辨率。脱模是压印中的基本问题,关系到压印工艺能否成功完成,脱模不当容易撕破光刻胶图形,尤其是高分辨的细小结构,撕破的光刻胶也会污染模板,直接关系到压印成本。光刻胶剩余是指残留在压印后的光刻胶图形槽底部的少量光刻胶,是妨碍模板图形转移到衬底中的不利因素,过多的光刻胶剩余会导致后续工艺无法进行,所以压印过程中应尽可能实现光刻胶近零剩余。保真性刻蚀和图形转移,是指能准确完整的将模板图形传递到下层材料中的刻蚀过程,取决于掩模材料的性质和等离子体的刻蚀机制等。高分辨结构的刻蚀是指对30nm以下的精细结构的刻蚀,决定于掩模的抗刻蚀能力和多参数的刻蚀条件选取。

本章对这些共性工艺问题进行研究,主要内容如下:

第一,立足于当前的工艺条件,着重研究解决室温纳米压印光刻胶剩余、以及保真性刻蚀和图形转移这两个关键问题。

第二,针对多参数可控各向异性刻蚀过程,研究保真性刻蚀中建立多参数刻蚀条件的经验判据,结合本文中研究的多尺度纳米结构的加工,提出可行的技术方案,实现可控加工。

当然,除了解决上述共性问题外,要实现多尺度纳米结构的可控加工,还要针对每个具体的器件进行构型分析,并在此基础上设计加工方案,如2.2节和3.4节中所展示的M光栅和PIC结构的制备。

4.1　室温纳米压印中的关键工艺问题

纳米压印技术中的三要素是：压印模板、光刻胶、以及图形转移。模板是决定纳米压印成本的关键，而光刻胶决定着压印方式，图形转移的效果是判断压印成功与否的标准。

4.1.1　压印模板的制备

本文工作中使用的压印模板均是通过电子束光刻和反应离子刻蚀方法制备的。为了便于讨论压印过程中的工艺细节问题，不失代表性，本节以M 光栅制备中所用的周期为 200nm、线宽为 100nm 的矩形光栅单晶硅压印模板为例进行讨论。该模板的制备工艺流程如下：

1）涂胶：在多晶硅基片上旋涂 350nm 厚的 ZEP 520 A 光刻胶（ZEON Chemicals L. P. ,Japan），旋涂速度 3600rpm，1min，以 120℃ 前烘 2min 以排出光刻胶中的有机溶剂，避免污染、腐蚀电子束曝光设备及增强二次电子的散射，提高光刻胶的塑性和稳定性。

2）曝光：根据电子束光刻胶 ZEP 520 A 的灵敏度和分辨率等因素设置电子束曝光的条件，我们采用加速电压 100kV，束流 200pA。按照给定的光栅图形进行电子束扫描曝光，曝光区域面积为 $100\mu m \times 100\mu m$。曝光图形为周期 200nm、线宽 110nm 的光栅。曝光过程中由于高能电子束在光刻胶、衬底中的散射电子和背散射电子作用而产生邻近场效应的影响，需要对曝光图形数据进行邻近效应校正处理。根据这里所需曝光的图形尺寸，尚不必采用复杂的电子束剂量调制邻近效应校正处理，根据实际经验，可以简化为光栅线条宽度几何修正处理。由于本结构制备中的邻近效应主要来自电子束在光刻胶中的前散射电子扩展的影响，结构单元在 10nm 左右，因此设计时需按实际尺寸与画图尺寸之比为 1：0.9 的比例矫正。

3）显影：将电子束曝光后的光刻胶在 ZED-N50 显影液（ZEON Chemicals L. P. ,Japan）中显影后，经定影和氮气吹干，即可得到矩形光刻胶掩模光栅，其周期 200nm、线宽 100nm。

4）刻蚀残胶：也称为打底膜，由于 ZEP520 光刻胶需在有机溶剂中进行化学处理，为非水溶性处理，通过有机溶剂显影和定影后，仍然在光刻胶掩模沟槽底部存在残留的薄层光刻胶，这会影响后续的蒸镀金属和剥离工艺,所以在蒸镀金属和剥离工艺之前需要通过反应离子刻蚀清理光栅沟道底部的残留光刻胶,使用的刻蚀条件是:O_2,40sccm,2Pa,40W,3~5s。

5) 蒸镀金属膜和剥离工艺:在光刻胶掩模上,通过电子束蒸发镀 40nm 铬膜。将镀上铬膜的样品浸没在剥离液(有机溶剂丙酮等)中 30 分钟,然后经超声浴 5 分钟后去除光刻胶光栅,得到图形化转移后的铬光栅结构。用铬作为掩模的原因在于铬的侧向抗等离子刻蚀能力较强,满足压印模板对表面、侧壁的粗糙度小于 1nm 的要求,且侧壁陡直性好。值得注意的是,所蒸镀金膜的厚度要远薄于光刻胶的厚度;蒸镀金膜时要垂直镀膜,不能采用倾斜或旋转镀膜;且曝光显影后的光刻胶掩模图形剖面尽可能形成"底切"形貌,以保证剥离液的渗透通道畅通。

6) 刻蚀:借助于铬光栅掩模,刻蚀基片硅,以刻蚀参数 CF_4,40sccm,2Pa,40W 刻蚀硅基片 8~10 分钟,刻蚀完毕后用 Cl_2 等离子体刻蚀去除残余的铬掩模层,从而将光栅图形转移到硅基底中,从而获得了压印模板。

模板表面处理:刻蚀后的模板还需要进行表面处理,这是纳米压印的一项基本要求。由于压印用的光刻胶是有粘合剂成分的有机预聚物,而刚性的模板材料通常是硅基或金属材料,压印模板具有较大的表面能,这不利于光刻胶脱模。在常规的半导体工艺中都希望光刻胶与基片有良好的亲和力,而压印工艺恰恰相反,希望在压印后,模板和压印光刻胶容易剥离开,所以处理光刻胶的黏附是影响压印效果的关键因素。由于含氟有机小分子是表面能最小的一类材料,通过与硅、金属等材料表面发生弱化学键的作用,可形成单分子层的覆盖表面,获得较低表面能,减少光刻胶的附着,提高光刻胶在沟槽中的流动性。本文不详细讨论这一过程的界面化学与物理原理,只给出具体工艺过程如下:

1) 模板亲水性处理:首先将压印模板浸泡在 NH_3:H_2O:H_2O_2 = 5:1:1 的混合溶液中,在 70℃下水浴 60 分钟,以使得模板表面获得足够羟基等功能性悬挂键,如—OH、—OOH、—NH_4 等,这些活性悬挂键具有与水的亲和性,因此称为亲水处理。

2) 脱模剂表面处理:取 1mL 的含氟有机硅小分子 silane (1H,1H,2H,2H-perfluorodecyltrichlorosilane, F13-DTS, TEFLON Co., UK)滴加在 150℃已预热 30 分钟的充分干燥容器中,继续升温到 240~250℃,维持 10 分钟,让含氟小分子充分与亲水处理后获得的模板表面悬挂键发生水解反应,得到含氟的单层小分子修饰后的模板。此过程称为模板脱模剂处理。

4.1.2 室温压印光刻胶材料的选择

压印的工作原理是压印光刻胶在模板机械压力作用下发生形变,将模板中的图形反转复制到光刻胶中。传统的热压印通常工作在光刻胶材料的玻璃化温度(Glass Temperature, T_g)70℃以上,使得光刻胶发生充分的热塑性形变而流动填充到模板沟槽中。常用的热压印光刻胶有 PMMA 和 SU-8 等,其 T_g 温度都较高,而 T_g 在室温范围内的有机预聚物目前还未见报道。紫外辅助压印是借助紫外光固化树脂,实现压印的图形化过程,如一类含氟预聚物光固化。室温纳米压印工艺是不借助加热、激光、紫外光等手段,而是通过机械压力直接使光刻胶材料发生形变,实现模板图形转移的过程。室温压印使用的光刻胶通常有两类,一类是多面体低聚倍半硅氧烷(Polyhedral Oligomeric SilseSquioxane, POSS)及其衍生物,是国际上对我国实行禁运的特种化学品;国内只能使用其前驱体,即第二类光刻胶水合硅(Hydrogen SilsesQuioxane, HSQ 或 Silicon-On-Glass, SOG),其物化性质是常温下为玻璃态、水溶性、流动性好,脱水后为交联态,分子量 500 左右,杨氏模量约为 15MPa,较 PMMA、ZEP 等光刻胶的杨氏模量大一倍。在压力作用下,HSQ 或 SOG 会自发流动填充到模板沟道中。HSQ 和 SOG 是水溶性的,体硅模板亲水性的,其表面接触角约为 5°,而体硅模板则约为 70°。因此填充的 HSQ 或 SOG 与体硅不相容,在撤去压力后,HSQ 层与模板会自发分离,且图形化的 HSQ 或 SOG 有良好的力学稳定性,正是其特殊的化学结构决定了它们的力学稳定性和形变能力。另外室温压印工艺更高效率、低能耗。因此,本文中的纳米压印,都是采用基于 HSQ 光刻胶的室温压印。

双层胶工艺:在 M 光栅和 PIC 阵列的制备中,室温纳米压印都是基于双层光刻胶的工艺(详见 2.2.1 节和 3.4.2 节),其目的在于:第一,实现接近零剩余的压印,以提高图形转移的成功率和保真性;第二,两层光刻胶的厚度增加,使得光刻胶的可控性增加,有利于构建所需的纳米结构和特殊要求的刻蚀沟槽深度及槽型;第三,扩展光刻胶的后处理容限,这是后续多尺度刻蚀的重要基础。纳米压印的原理是在机械压力下使光刻胶发生形变的过程,很难直接实现光刻胶充分填充到模板沟槽中,从而容易产生剩余。尽可能减少光刻胶剩余的方法主要有减薄光刻胶厚度、使用双层胶、改善光刻胶的流动性及增加压力等措施。采用增加压力容易导致模板损伤;提高光刻胶流动性则是建立在精细有机合成的基础上,难以直接开展工作。减薄光刻胶和增加柔性衬底的双层胶工艺,采用 PMMA 光刻胶作为顶层 HSQ 胶柔性衬底,而且 PMMA 光刻胶本身还可以作为调控等离子刻蚀过程的调控缓冲层材料,与制造工艺兼容。

在国际上,通过减薄光刻胶的方法,获得 10nm 分辨率的压印结构是借助单层薄 HSQ 光刻胶实现的,厚度只有 30nm,实现了零剩余,如此薄的光刻胶是没有办法实现 HSQ 层图形直接有效转移到衬底材料中的,其原因在于光刻胶材料与衬底材料的刻蚀选择比有限,且如此薄的光刻胶在高能等离子体的集体轰击下容易被击穿,形成很大的粗糙表面态。大多数 50nm 量级厚度的光刻胶都不能作为有效的刻蚀掩模。即使采用蒸镀剥离工艺转移金属膜,蒸镀 20nm 厚的金属层,也难以完成高质量的剥离。

为解决上述难题,本文提出的使用 HSQ 和 PMMA 相匹配的双层胶工艺,实验证明是一种非常有效的途径,通过利用上下两层光刻胶性质的差异,将底层胶作为缓冲层,降低刚性模板与衬底的直接接触,因此更容易实现减少上层光刻胶的剩余,且增加一层胶在刻蚀中就增加了一个调控手段,这也是实现三维纳米结构制备的重要手段。因此,需要使用双层胶增加光刻胶的厚度。

4.1.3　室温纳米压印图形转移

我们采用的室温纳米压印技术以 HSQ 为顶层光刻胶,以常用的电子束光刻胶 PMMA 为底层光刻胶。使用双层胶是为了实现三个目的:(1)室温条件下的压印;(2)厚度大的光刻胶易于作为光刻胶掩模,通过蒸镀剥离、刻蚀后制作出高质量的纳米结构模板;(3)实现多尺度纳米刻蚀。压印图形转移的工艺流程如图 4.1 所示:

1)旋涂光刻胶:先旋涂底层光刻胶 PMMA,经过 107℃ 前烘 3 分钟后再旋涂顶层 HSQ 层光刻胶,旋涂后的 HSQ 不进行烘烤,或者只在 50℃ 以下的低温处理,避免产生固化,保留作为压印胶的塑性和受挤压有一定的流动性。

2)室温压印:将模板的图形化表面与光刻胶 HSQ 接触,室温下施加一定压力后脱模(如图 4.1 所示)。室温压印的工艺条件为:1×10^{-3} Pa,50Psi。因为模板是刚性的硅材料,为了避免压碎模板,须在模板上表面覆盖约 $100 \mu m$ 厚的弹性硅橡胶作为压力缓冲层,如图 4.1 中紫色层所示。

3)刻蚀清除残胶:通过反应性离子清除沟槽中的残余光刻胶,目的在于把模板的图形高保真地转移到 HSQ 光刻胶层中,刻蚀清除的通用条件

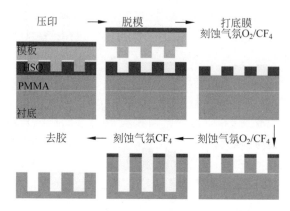

图 4.1　室温纳米压印及保真性刻蚀的工艺流程示意图

是：O_2 15sccm/CF_4,40sccm,2Pa,40W,10s。在 PIC 纳米结构的制备时,可以只用 CF_4 等离子体(40sccm,2Pa,40W)。

4)刻蚀 PMMA 光刻胶层：以顶层 HSQ 为掩模,刻蚀 PMMA 光刻胶层,从而将图形转移到 PMMA 层中。刻蚀条件是 RIE O_2,40sccm,2Pa,40W,2min。

5)刻蚀衬底：以双层光刻胶 HSQ/PMMA 作为掩模刻蚀衬底,其优势在于：其一,足够厚的掩模更有利于实现高深宽比的纳米结构刻蚀;其二,充分利用两层光刻胶的物化性质差异,如热力学稳定性、抗刻蚀性能差异,可以制备出三维多尺度结构。

6)去胶：压印及衬底刻蚀完成后,用丙酮清除所有残留的光刻胶。

4.1.4　前烘温度对图形转移的影响

本文不详细讨论 HSQ 的化学结构与其性质的关系,只给出与纳米压印工艺相关的性质讨论：

(1)玻璃态流动性：HSQ 材料的物化性质取决于其分子结构。HSQ 是一种笼状八聚体的小分子,以氢键和范德华力结合。HSQ 有较低的玻璃化转变温度,室温下是粘流态,流动性好。

(2)机械稳定性：HSQ 材料具有刚性分子链,抗张强度达到 15MPa,压印形变后的 HSQ 分子保持了稳定的几何面型。

(3)热力学稳定性：随着温度升高,HSQ 分子相互交联,使得 HSQ 层抗冲性能成倍提高,这是导致压印剩余的关键。

虽然前烘温度对图形转移的影响是工艺中的细节性问题,却决定了后续的光刻胶剩余,是纳米压印中的决定性因素和共性问题。压印后,由于沟槽中的残余光刻胶与顶层的光刻胶是相同材料,抗刻蚀性能相同,没有刻蚀选择比,在后续图形转移过程中,同步往下刻蚀光刻胶的同时也少了光刻胶自身的有效厚度。

　　实验中,我们维持其他工艺参数不变,考察了 20～170℃之间的前烘温度,每增加 5℃进行实验,维持压力等其他参数恒定,则产生的光刻胶剩余就直接反映出 HSQ 层的流变性,间接的说明温度导致的 HSQ 材料物化性质的变化。图 4.2 所示是在三个前烘温度下,压印后沟槽中 HSQ 光刻胶剩余的变化情况。图 4.2(a)是前烘温度为 50℃时压印脱模后样品断面的SEM 形貌图像,可见沟槽中少许不连续的 5～10nm 的 HSQ 剩余,其中HSQ 层高约 170nm,比 HSQ 层的原本厚度 150nm 略高。这是因为与模板凸出部分接触的 HSQ 光刻胶受到挤压,并填充到模板凹槽中,使得凹槽中光刻胶变多,所以整体上脱模后 HSQ 层要比原来厚约 15%～20%。如图 4.2(a)和图 4.2(b)所示,PMMA 层和 HSQ 层的界面很清晰。PMMA层基本上没有发生任何形变,得益于弹性缓冲层(如图 4.1 所示)的作用,使得压印过程中模板没有发生滑移。

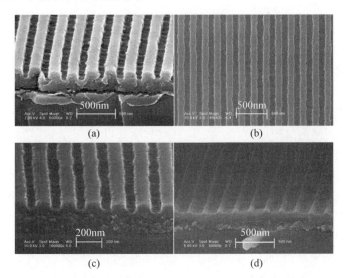

(a)　　　　　　　　　　　　　　(b)

(c)　　　　　　　　　　　　　　(d)

图 4.2　不同的前烘温度下,室温纳米压印后样品的剖面照片,
其中压印沟槽形貌反映了压印光刻胶的剩余情况

(a) 50℃时近零剩余;(b) 是(a)的俯视图;(c) 70℃时沟道中有明显的光刻胶剩余;(d) 140℃时沟道中有很厚的光刻胶剩余。

图 4.2(c)是 70℃前烘后压印样品的剖面 SEM 图,可见有约 70nm 厚的 HSQ 光刻胶残留在压印沟道中,HSQ 栅线高大约 80nm,这说明压印过程中 HSQ 层只有一半被挤压形变和流动。70nm 厚的光刻胶剩余将阻碍后续刻蚀过程中图形的进一步转移。图 4.2(d)是 140℃前烘后压印样片的剖面 SEM 图,可以看到只有约 30nm 高和 50nm 宽的 HSQ 栅线,这是 HSQ 没有充分流动填充的直接证据。图 4.2(a)、图 4.2(c)和图 4.2(d)之间的差异来自于前烘温度的不同。因此,HSQ 光刻胶前烘温度应不高于 50℃,或者不进行烘烤,直接用甩胶机旋转甩干即可。

4.1.5　保真性刻蚀技术

制备图形化的 HSQ 掩模后,当光栅沟槽中还有残留 HSQ 光刻胶而失去刻蚀选择比的条件下,如何实现图形的保真性转移,是纳米压印中的一个共性关键技术问题。在反应离子刻蚀中,O_2 等离子体的作用可使 HSQ 层逐渐固化。如图 4.3(a)所示,在沟槽中较薄的 HSQ 不连续微结构,氧等离子体固化速率要比更厚的 HSQ 栅线区域快,原因是在氧等离子体增强化学反应与界面性质有关。因此,沟槽中残余的 HSQ 较 HSQ 栅线更早地转变为 SiO_x。HSQ 栅线表面和侧壁也缓慢演变为 SiO_x,但其主体还是 $Si(OH)_x$。这样就使得沟道中的 HSQ 层和栅线 HSQ 因 O_2 的作用而产生了刻蚀选择比,SiO_x 的刻蚀速率要比 $Si(OH)_x$ 大 10 倍,因为—OH 基团使得刻蚀化学平衡逆方向进行。基于我们的实验统计,在刻蚀气氛 CF_4,40sccm,2Pa,40W 下,$Si(OH)_x$ 的刻蚀速率约为 10nm/min。

为了证明上述刻蚀机制,我们通过刻蚀实验研究 HSQ 图形保真性地转移到 PMMA 层中的情况。图 4.3(a)所示是以 50℃前烘后压印的 HSQ 剩余经过 O_2 和 CF_4 等离子刻蚀后被完全清除的情形,刻蚀条件是 O_2 10sccm/ CF_4 40sccm,16Pa,70W,刻蚀 15s 后,即完全去除了 HSQ。接着继续刻蚀 PMMA(O_2 40sccm/CF_4 5sccm,2Pa,40W,90s),这个过程中,沟槽下的 PMMA 在渐进固化的 HSQ 掩模作用下被刻穿,但 HSQ 栅线仍然没有被彻底固化。这一性质,对于制备特殊构型的纳米结构十分有用,尤其是多尺度纳米结构,如前面所述的 M 面型光栅和 PIC 纳米天线。从图 4.3(a)可见顶层 HSQ 经刻蚀后显著变薄,而 PMMA 栅线占空比与模板基本一致。图 4.3(b)是延长刻蚀时间到 120s 后的情形,可见顶层 HSQ 变得更薄,使得 PMMA 层侧向刻蚀增加,表现为栅线占空比减小,保真性变差。以图 4.2(c)的压印剩余约 70nm 的光刻胶作为掩模,则图形转移到 PMMA

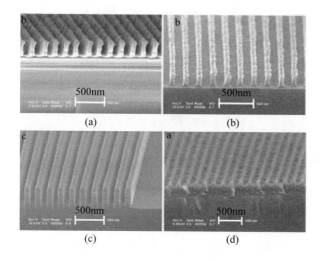

图 4.3　保真性刻蚀图形转移后样品的 SEM 剖面图

（a）充分打底膜后将 HSQ 的图形转移到 PMMA 中；（b）进一步刻蚀 PMMA 层，使得 PMMA 栅线变窄的过刻蚀；（c）最终将图形转移到衬底中；（d）以图 4.2(c)沟槽中含有较厚的剩余 HSQ 的掩模进行刻蚀的图形转移结果。

层中就难以成功，如图 4.3(d)所示，此时 HSQ 层演化为窄且浅的线条。

　　总之，图形保真性转移是纳米压印工艺中一个重要的环节，是借助等离子体化学与物理的集体效应，通过控制侧向和纵向刻蚀条件才能实现。由于等离子体刻蚀气氛受约束边界条件的限制，针对不同分辨率的纳米结构的保真性刻蚀都需要做有针对性的方案设计和相应的工艺参数调整。尤其对于小于 100nm 分辨率的纳米结构来说，目前国内外都还没有一个完备的等离子体刻蚀模型能完全预测和解释刻蚀过程中纳米图形的演变规律。

4.2　多尺度纳米结构各向异性刻蚀中的关键工艺问题

4.2.1　反应离子刻蚀的机理

　　传统的刻蚀工艺可分为湿法腐蚀和干法刻蚀两大类，湿法腐蚀是化学反应过程，以等离子刻蚀为代表的干法刻蚀是实现光刻胶图形保真性转移到衬底的物理化学过程，其中物理过程主要表现为各向异性刻蚀，化学过程主要表现为各向同性刻蚀，是纳米结构制备的关键手段。反应离子刻蚀中可以通过调控刻蚀参数和刻蚀气体组分，精确调控各向异性刻蚀和各向同性刻蚀的比例,这是形成多尺度度纳米结构的关键。当前,反应离子刻蚀(Reaction Ion etching, RIE)和感应耦合等离子体刻蚀(Inductively Coupled Plasma,ICP)是有代表性的两种干法刻蚀方法,也是制备三维纳米结构的工艺基础。化学腐蚀受到分辨率和特定晶体类型的限制,应用范围有限,对于精确可控的制备三维纳米结构还是非常困难的。目前,还没有一套完备的理论指导多尺度刻蚀过程,大多数已有报道的方法是在半导体工艺的基础上,结合实际条件实施有针对性的改进方案。本节我们以几个典型结构为例,研究基于 RIE 工艺的三维刻蚀技术,为制备多尺度纳米结构打下基础。

　　RIE 是借助等离子体的增强化学反应对材料进行干法刻蚀的技术。等离子体是带电粒子的集合,包含电子、离子、中性粒子及大量处于激发态的自由基[166]。这些混合气氛表现出很强的活化能,从而促进刻蚀中物理和化学的集体效应。等离子体与物质的相互作用显著依赖于工作环境。当电子和中性粒子的碰撞频率大于刻蚀气体组分的等离子体固有频率时,等离子体的集体效应表现为流体特性,因此称为碰撞等离子体[167];而当电子和中性粒子的碰撞频率小于或接近刻蚀气氛的等离子体固有频率时,等离子体表现为气体特性。宏观上,等离子体的气体特性和流体特性在刻蚀过程中同时存在,气体特性主导反应性刻蚀过程,呈现各向同性,而流体特性确定各向异性的刻蚀方向性,受偏压控制。在这两点基本性质的基础上,结合反应离子刻蚀的多变量控制方法,可衍生得到如下一些 RIE 刻蚀的基本性质,这也是纳米刻蚀中重要的经验规律[168,169]:

　　(1) 物理和化学作用共存的特性:RIE 刻蚀中,等离子体中只有 $0.01\% \sim 10\%$ 是电离态的,是等离子体集体效应中的长程作用力和刻蚀主导成分,其他的成分表现为中性气体分子、原子和粒子。为增强各向异性刻蚀,通常还引入不起化学反应作用的惰性气体,如 Ar 气,以 Ar 离子增强刻蚀过程中的物理轰击作用。

　　(2) 刻蚀方向性:受偏压的控制,等离子体对待刻蚀材料产生有方向性的物理轰击。等离子体的方向性是受约束条件支配的,且十分敏感。例如,提高偏压可以加速正离子,增强刻蚀的轰击作用,提高刻蚀方向性;改变反应腔中的气压能显著改变等离子体中的离子和中性粒子的分布。高压力会导致离子的高复合速率,降低衬底表面的离子通量,增加离子的碰撞而损失离子能量,从而导致刻蚀的方向性变差[167,169]。基于这一性质可以调控纵向和侧向刻蚀速率。

（3）动态化学平衡：宏观上，在持续外加电场驱动下，等离子体刻蚀是正向进行的化学反应；微观上是动态的化学平衡。在反应界面上，持续外加的电场驱动使等离子体化学反应正向进行，但是由于等离子体中的电子、离子及中性粒子的碰撞是局域性的，扩散到沟槽中或狭小的间隙中的刻蚀反应则是可逆的动态平衡[169]。这一性质提供了高分辨率的纳米结构的刻蚀过程，控制刻蚀结构的深宽比和侧壁的形态。

（4）分压原理[168]：等离子体混合气体中各个组分近似满足分压原理，即反应腔的总气压是各气体组分分压之和，是指导调节各组分参与 RIE 刻蚀的气氛分子数的参考依据。

（5）离子能量：刻蚀气氛的离子能量决定于 RIE 的功率，高离子能量意味着离子更少偏离原来的运动方向。提高偏压功率，可以加大纵向离子轰击能力，各向异性刻蚀能力增强；提高射频源功率，可以使气体离子化增加，增加等离子密度，从而使侧向刻蚀速率的增加幅度比纵向刻蚀大，各向异性刻蚀变差[176]。

在刻蚀宽度 50nm 以下的沟槽时，除参考上述工艺规律外，还需考虑短沟槽对等离子体的气体和流体的两个基本属性的扰动、以及等离子体增强化学反应的表面态。前者使扩散到短沟槽内的等离子体的流体属性显著增强，与侧壁碰撞率等离子体自由程也相应增加；后者使扩散到表面的等离子体经局域化后离子通量增加。此外，还有加入微腔的等离子密度消耗引起的反应气体"疲劳"效应等因素十分复杂，需要在实践中摸索针对性的方案。

RIE 刻蚀是典型的多参数刻蚀过程，目前国内外都还没有完备的理论模型描述所有的刻蚀机制及面型演化过程，因此所有结构的刻蚀方案都是针对性的。以上是作者基于 RIE 系统（L-451D-L RIE Etching System，ANELVA，Japan）进行大量的刻蚀实验所总结出来规律和方法。本文中，也正是基于这些原理和方法，才实现了三维多尺度纳米结构（即 M 面型光栅和 PIC 阵列）的可控制备。

4.2.2　通过多参数可控各向异性刻蚀实现多尺度结构

为了研究建立制备多尺度纳米结构的可控实用的工艺路线，本节以自组装的聚苯乙烯微球（Polystyrene，PS）阵列作为掩模板刻蚀制备纳米半球阵列、倒金字塔阵列、以及多尺度纳米"墨水瓶"结构阵列，通过这些多种类型的多尺度纳米结构的制备实验，验证本文提出的刻蚀工艺的可行性。我们首先采用高分子合成方法，制备了 PS 纳米球阵列掩模，其成膜方法采用朗格缪尔-布洛杰特(Langmuir-Blodgett,LB)自组装工艺,将 PS 纳米球自组装在 2cm×2cm 的石英衬底上。图 4.4(a)及其中的插图分别给出了自组装后的 PS 小球阵列的俯视图及断面图,证实是单层 PS 纳米球组成的掩模。再通过所谓裁剪(tailoring)方法,即用氧等离子刻蚀对 PS 小球阵列进行球面修剪,使纳米球之间的间隙变大,其目的:一方面是去除衬底及小球间少量的分散剂,保证后续刻蚀的均匀性;另一方面是扩大 PS 小球的间距,以便于后续工艺中等离子体气氛可扩散到间隙中,有利于等离子体在 PS 小球阵列掩蔽下对样品表面进行可控制的刻蚀。由于传统的刻蚀条件 O_2 40sccm,2Pa,40Wa 下纵向和侧向刻蚀速率大约都是 300nm/min,这样高的侧向刻蚀速率,不利于多尺度结构的形成。因此,结合经验规律,首先将裁剪刻蚀气氛 O_2 的气体流量调到 5sccm 的实验,实验结果可以将侧向速率降为 10nm/min,而纵向速率为 30nm/min。以此为基础,还进一步进行了在 O_2 3～10sccm,2Pa,40W 条件下,不同的裁剪时间的刻蚀实验。图 4.4(b)～(d)所示是不同裁剪时刻后的样片 SEM 图,裁剪时间分别是 3s、5s 及 10s,可见相邻 PS 微球之间的间隙相应地从极小的 10nm 增加到 25nm 和 37nm。由于 PS 微球与衬底是点接触的,刻蚀气氛扩散到 PS 微球周围形成刻蚀。这一点对于实现半球形和倒金字塔形纳米结构是十分关键的。

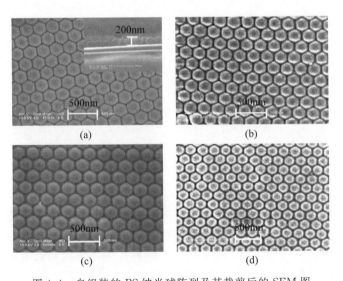

图 4.4　自组装的 PS 纳米球阵列及其裁剪后的 SEM 图

(a)自组装后的 PS 纳米球阵列,插图是样片的剖面形貌。(b)～(d)分别是裁剪 3s、5s 和 10s 后的样片形貌俯视图,对应的纳米球间隙分别为 10nm、25nm 和 37nm。

　　在裁剪后的 PS 掩模作用下,进行各向异性 RIE 刻蚀石英衬底刻蚀实验。所形成的纳米结构的面型、大小、间隙随着刻蚀气氛 $CF_4/CHF_3/SF_6/Ar/O_2$ 的变化而变化。根据道尔段分压原理,我们分别考察了这些 $CF_4/CHF_3/SF_6/Ar/O_2$ 中每一种气体单独产生的等离子体对 PS 微球及衬底的刻蚀速率。实验中,在恒定 40W 的射频功率和 2Pa 腔体工作压强下,确定每种气体的离子通量和能量。之后,根据单独组分的刻蚀速率,结合前面提到的判据,我们设定了一组混合刻蚀气氛。在这样的混合气氛下,不仅 PS 微球被渐近的刻蚀,PS 微球的间隙也被渐近刻蚀。有了这样的渐近刻蚀方式,可根据保真性图形转移要求,将 PS 掩模的面型有效转移到石英衬底上,从而实现纳米半球阵列,如图 4.5(a)所示。

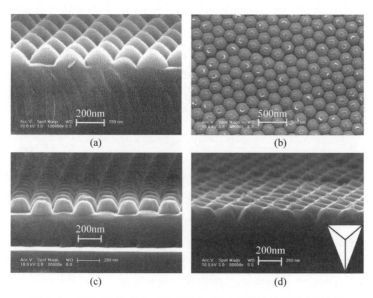

图 4.5　基于 PS 纳米球掩模进行的多尺度刻蚀结果的 SEM 图
(a)和(b)是刻蚀成的纳米半球阵列的剖面图和俯视图;(c)和(d)分别是半椭球阵列和倒金字塔阵列的剖面图,插图是倒金字的结构示意图。

　　为了实现多样化的三维多尺度纳米结构刻蚀,还需要进一步通过控制刻蚀气氛参数,调节侧向和纵向的刻蚀速率比。就纳米半球面型而言,其侧向和纵向刻蚀速率比需要控制在 1~1.2 之间,根据多参数刻蚀的经验判据,我们可以得到一组优化的刻蚀气氛的参数为 CF_4 26sccm/CHF_3 10sccm/SF_6 24sccm/Ar 5sccm/O_2 10sccm。在刻蚀纳米半球的基础上,进行半椭球面型的刻蚀实验。严格地讲,半椭球是由半球面型演化而来,在刻蚀纳米半球的基础上,进行半椭球面型的刻蚀实验。严格地讲,半椭球是由半球面型演化而来,其刻蚀过程可归结适当改变纵向刻蚀速率的问题,或者也可以说在前文提到的矩形面型保真性刻蚀条件的基础上,稍微增加侧向刻蚀速率,使得侧向和纵向速率之比范围在 1.4~1.8 范围内,刻蚀参数为 CF_4 40sccm/O_2 5sccm,即可制备得到半椭球阵列,如图 4.5(b)所示。

制备更复杂的倒金字塔阵列,可通过提高等离子体的(氟)离子通量的方法,需要使侧向与纵向刻蚀速率比达到 2~2.5。所采用刻蚀条件是 CF_4 26sccm/SF_6 40sccm/Ar 5sccm。考虑到三个 PS 小球包围的微腔空间,当等离子体的复杂组分扩散到这个小空间中,存在两方面的变化:其一,各组分的分压发生改变;其二,氟元素的表面态发生变化[176],氟自由基的链式反应增加了纵向离子通量,而氟元素与碳元素的比与刻蚀离子的通量相关联,决定了 RIE 过程的复杂有机物的生成和被刻蚀,当过量的氟基等离子体自由基扩散到 PS 球之间的局域化空间中,刻蚀的正向反应因多副产物氟化合物的颗粒而被部分抑制。把侧向速率提高到 2~2.5 时,由于氟自由基表面态的变化,使得侧向刻蚀达到一个亚平衡,当刻蚀气氛中不含氧等离子体时,多聚氟碳化合物会延缓各向异性刻蚀,尤其是侧向速率,总体上表现为渐进的刻蚀过程,而纵向刻蚀由离子通量主导,就可以得到倒金字塔阵列,如图 4.5(d)及其插图所示。

图 4.5 是按照上述刻蚀机理可控制备的三种三维多尺度纳米结构阵列,包括纳米半球阵列、半椭球阵列、及倒金字塔阵列。图 4.5(a)是半球形纳米阵列,半球底部的直径与 PS 小球直径一致,均为 200nm,半球高 130nm,相邻的两个半球的间距只有 5nm 的极小间隙,这从图 4.5(b)中可以更清楚地看到,两个相邻的半球几乎是相切的。图 4.5(c)是半椭球阵列,可以看到形貌是典型的从矩形面型演化而来的,且相邻的两个半椭球之间有较大间距。图 4.5(d)是刻蚀后的倒金字塔凹陷阵列结构,每个金字塔的上边长约为 140nm,是密堆排列的 PS 球中的相邻的三个 PS 球,二者尺寸相当。这些刻蚀实验结果说明,我们提出的经验判据可以较好地指导三维多尺度纳米结构的加工,体现了渐近刻蚀的过程,为构建更复杂的多尺度纳米结构打下了技术基础。

上述基于纳米球掩模的多参数刻蚀过程有一定的通用性。由于纳米球自身就是一个渐变的掩模,因此通过可控的 PS 掩模的梯度刻蚀,可以适当增加侧向刻蚀速率,从而容易得到纳米半球和半椭球阵列。本文的第 2 章中 M 光栅的刻蚀正是源自这一调控原理,也是用氧等离子体在 HSQ 掩模的作用下梯度刻蚀下层光刻胶 PMMA，使 PMMA 发生定向倒伏。针对倒金字塔凹陷阵列的刻蚀，是依据等离子体各组分的分压原理和表面态的变化进行多参数调控，从而延缓侧向刻蚀速率，获得凹陷阵列。本文第 3 章中PIC 结构的刻蚀原理与此是一致的，金碗的刻蚀也是利用表面张力这一表面态的变化，从而得到凹陷的金碗。不同的是，金碗中的小尺寸金豆的形成还需引入新的调控变量，这在 3.4.3 节已进行了深入讨论。这里，我们以纳米"墨水瓶"结构的制备为例，说明具有极小结构的高分辨多尺度纳米结构的可控加工过程。

在多尺度"墨水瓶"纳米结构的制备实验中，采用的掩模是实验室自行合成的直径 400nm 的 PS 微球。

构型分析。墨水瓶结构的形状，其侧视是典型的"凸"字型结构，有两个台阶，且每个台阶的侧壁都是垂直的，如图 4.6(c) 所示。垂直侧壁面型可归结于矩形保真性刻蚀。如果用电子束光刻方法实现两台阶的纳米结构，需严格控制两次曝光过程中样片的电子束曝光对准技术，并依赖平坦化层光刻胶材料才能实现，困难很大。而采用传统的二元光学微制造技术也可以比较方便地实现光学套刻，但是精度只到微米量级，100nm 量级做不到。但如果应用前面描述的三种纳米结构制备方法，还要对可控变量进一步研究，发掘各向异性刻蚀的调控能力。若掩模是多台阶的，结合经验判据，当变化 RIE 刻蚀过程中适局域在沟道中的离子能量，就有可能将多台阶的掩模转移到衬底中。

"凸"面型的刻蚀可归结为两个问题：其一，掩模必须是阶梯式的，这取决于掩模材料的性质及后处理。可利用 PS 微球的两重抗刻蚀能力，通过后处理或高分子合成来调节。我们选择前者，使用已制备好的 PS 微球进行后处理。用紫外线辐照 PS 微球，会使 PS 部分降解，降解后苯乙烯片断的抗刻蚀能力远不及聚合态的 PS，这样就产生同一个 PS 球有两种不同的抗刻蚀能力。

其二，高分辨的纳米结构中的反应离子能量的局域化。被紫外线辐照的 PS 部分增强了表面态和离子体的反应性，可促进正向刻蚀的化学平衡；而在没有受到紫外线辐照的 PS 小球底部，因没有表面态的改变或变化不明显，在 RIE 刻蚀过程中保持稳定，反应性离子更多地局域于表面变化大的区域产生刻蚀反应。紫外辐照处理时间需根据面型参数进行优化，实验中我们采用 3s。

综合上述两点，实验中对进行 3s 裁剪后的 PS 掩模用 385nm 波长紫外光辐照处理,并在90℃热板上烘烤120s。因为PS的玻璃化温度较高,而小分子苯乙烯片断的玻璃化温度低很多,经表面处理后的小分子片断因热诱导而加速向外迁移,而没有被紫外线辐照降解的上半球中心和下半球PS保持相对稳定。为了便于观察,控制紫外线辐照剂量,使PS微球被紫外线辐照降解开裂为类似核壳结构的上下两半球,如图4.6(a)所示。实际应用中,控制控制紫外线辐照剂量,只让PS微球上半球外围降解,上半球核心部分和下半球不降解,由于两部分抗蚀能力差异,用它做掩模就可以达到"阶跃式"的掩模的作用。

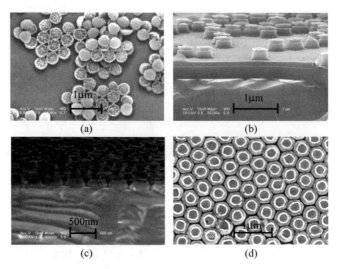

图4.6　用多参数各向异性刻蚀制备的多尺度"墨水瓶"阵列的SEM图
(a)小分子苯乙烯片断扩散后的PS小球形成的阶跃式掩模;(b)保型刻蚀后得到的圆柱台阵列;
(c)和(d)分别是最终刻蚀得到的"墨水瓶"结构的剖面图和俯视图。

针对本文要制备的多尺度结构中具有极小纳米间隙的要求,需要在刻蚀过程中调整刻蚀参数,以便于提高顶层台阶的纵向刻蚀速度。我们首先以垂直保真性方式刻蚀衬底,不引入新的调控变量调控,刻蚀参数为RIE Cl_2 26sccm/BF_3 15sccm,4Pa,70W,2min。图4.6(b)所示是刻蚀后形成的垂直面型的圆柱台结构,其顶层各有半个PS球,PS微球的上半球基本上被刻蚀掉,只残留核心的一部分,与图4.6(a)的半球很类似的,且都呈半球形的"阶跃式"结构。进一步分析图4.6(b)可见,本阶段刻蚀是以各向异性的纵向刻蚀为主,是以物理和化学作用共存特性共同支配的,PS球覆盖下的微区侧向刻蚀速率很小,这个阶段只刻蚀PS微球覆盖以外的基片部分,而且可以刻蚀出侧壁陡直的台面,当然 PS 微球的上半球被降解的部分也被刻蚀掉了,只剩下半球,由于从纵向过程,PS 微球的腰围比较厚,所以在这个阶段,下半球外围会保留部分已经被紫外线辐照降解成分。实验证明,即使在 PS 微球只剩下 1/3 时,仍然是衬底材料的良好掩模。这一现象对控制剖面的刻蚀操作是有利的,即使在刻蚀过程中裁减 PS 球的直径,仍然可以有效的掩蔽衬底的刻蚀。

在第二阶段想要刻出"凸"型上部的"瓶颈"台阶,就需要利用在每三个 PS 微球下半球挤出的微小空间的边界条件约束下,如何调控扩散到纳米间隙中离子能侧向刻蚀速率问题,必须引入新的调控变量,否则只能得到如图 4.6(b)所示的圆柱台,或者上小下大的锥形柱。

在刻蚀纳米"墨水瓶"结构时,我们依据上述刻蚀条件,在刻蚀 50s 时加入 O_2 气氛(48sccm),5~10s 后关闭,就可实现如图 4.6(c)所示的多尺度"墨水瓶"纳米结构。这是因为根据 PS 掩模的阶跃性质,在刻蚀过程中引入新的变量,促进迁移到 PS 下半球外侧的有机小分子片段快速被刻蚀,即突然提高了 PS 球的侧向刻蚀速率。由于 PS 有机小分子片段对 O_2 等离子体刻蚀有较快的响应,结合等离子体是有集体效应的带电体,有机小分子由自由基诱导快速雪崩,使得 PS 微球直径突然减少一部分,变成为与原来 PS 微球对准的小掩模。在后续的刻蚀过程中,上下两个台阶就同步往下刻蚀,从而出现具有两个台阶的纳米"墨水瓶",如图 4.6(c)的剖面图和图 4.6(d)的俯视图所示。在相邻的两个纳米结构的底部,其间隙只有 20nm。

纳米"墨水瓶"的多尺度刻蚀是比较典型的多参数刻蚀方法,也是 M 面型光栅和 PIC 纳米天线刻蚀制备的基础。

首先,纳米墨水瓶是双台阶的纳米结构,利用在刻蚀过程中 PS 掩模的性质变化,经过处理后的 PS 掩模由两种不同抗刻蚀能力的组分组成,一部分快速被刻蚀掉,另一部分则维持相对稳定,再根据经验规则按矩形刻蚀方式,就可以得到双台阶。PIC 结构的加工正是基于这样的思路,利用发生相分离后的 PMMA 相对 PS 的抗刻蚀能力差异,结合梯度刻蚀条件,生成了较大尺度的金碗和较小尺度的金豆。相对于纳米半球和倒金字塔的刻蚀而言,出现新的小尺度结构取决于增加一个掩模预处理的调控手段。

其次,纳米墨水瓶的制备中,在同一个 PS 掩模下,利用抗刻蚀能力差异产生快速变化的掩模,构造出两个刻蚀梯度时间。M 光栅也是在同一个掩模下,利用渐近刻蚀产生光刻胶倒伏突变的特点,构造出两个尺度的结构。

　　另外,通过调节高分辨纳米间隙中等离子反应离子能量的局域化,可以控制侧向和纵向刻蚀速率,得到 20nm 间隙的纳米墨水瓶阵列。同样,PIC 阵列的制备,也是利用平衡侧向和纵向刻蚀速率这一思想,稳定可控地得到 20nm 的金豆。

　　基于上述讨论的多种多尺度纳米结构的可控性加工,说明我们提出的经验规则具有较好的通用性和较强的实用性。

4.3　本章小结

　　本章首先着重研究并解决了室温纳米压印工艺中两个关键的共性问题,即光刻胶剩余、以及保真性图形转移问题,满足了低成本、大面积、稳定可靠地制备复杂金属纳米结构的实际应用要求,使得室温压印技术具有较强的通用性。

　　针对多参数各向异性刻蚀工艺,在建立刻蚀的经验规则基础上,通过控制掩模的梯度性刻蚀、掩模的预处理、调控组分的分压、表面态及等离子密度等,通过开展刻蚀实验研究,实现了三维的纳米半球阵列、倒金字塔阵列、以及多尺度纳米墨水瓶阵列等多种多尺度结构的可控加工,证明了我们提出的多尺度加工方法和工艺路线的可控形、可靠性、和通用性。

　　上述工艺研究中得到的重要原理和方法,在 M 面型光栅和 PIC 纳米天线阵列的加工制备中发挥了重要作用,是实现多尺度纳米结构的大面积、低成本、高质量可控制备的重要保障。

第5章 总结与展望

5.1 论文工作总结

近年来,表面等离激元金属纳米结构的研究和应用迅速发展,一方面得益于理论的日臻完善,另一方面得益于纳米加工技术的进步。本文正是在融合表面等离激元模式杂化原理和级联场增强原理的思想指导下,构筑具有优异远场光谱特性和近场热点增强特性的多尺度纳米体系,借助于LSPR 模式间的耦合、或 LSPR 模式与腔模式的耦合导致法诺共振,并借助于级联场增强,实现近场热点及远场光谱的深度调控,证明了复杂多尺度体系中模式杂化耦合和级联场增强的物理机制。基于室温纳米压印和各向异性刻蚀技术制备多尺度结构,解决了多尺度纳米结构制备中的关键工艺技术问题,满足面向实际应用所需的低成本、大面积、高效率、可控性、高性能等需求,实现多尺度各向异性刻蚀、小于 30nm 以下的纳米间隙生成、以及三维纳米结构的可重复制备等。立足 SERS 传感的实际应用,实验测试了多尺度纳米结构 SERS 的性能,验证了其热点局域对光与物质相互作用的增强。

(1)理论上,融合表面等离激元模式杂化原理和级联场增强原理,构筑了两种多尺度金属纳米体系:其一,以 M 面型光栅为例,构筑了 LSPR 模式杂化实现级联场增强的体系,深入研究了 V 型槽中 LSPR 模式场的局域特性,分析揭示了两个不同尺度的 V 型槽中 LSPR 模式之间的杂化耦合的物理过程,并实现级联会聚增强,使场热点可控局域于 30nm 宽的 V 型槽开口间隙,场增强因子达到 700。其二,以金碗-金豆纳米天线阵列为例,研究了金碗中可调谐性好的腔模式(亮模)与金豆的 LSPR 暗模杂化耦合的过程,实现在设计波长处的强烈法诺共振,并增进了级联场增强的发生。研究了PIC 结构的几何构型、金碗金豆接触方式等对其光学特性的影响。

(2)在多尺度纳米结构的制备中,深入研究了基于室温纳米压印和多参数各向异性刻蚀的技术路线,研究解决了纳米压印中关键的光刻胶剩余、图形保真性转移等问题,以及多尺度纳米结构刻蚀中的若干关键工艺问题,为实现大面积、低成本、高效率、高分辨率、再现性好的制备目标,探索了一条可控、可靠、实用性好的多尺度纳米结构制备工艺。实现包括理论设计的 M 面型光栅和 PIC 纳米天线阵列在内的多种多尺度结构的可控制备。

（3）以 SERS 生化检测为应用切入点,将构筑的两种多尺度金纳米结构用作 SERS 衬底开展实验,在 SERS 实验中获得了不低于 $10^7 \sim 10^8$ 的高增强因子和 0.02μM 超低测量浓度下限,验证了其显著增强光与物质相互作用的效果。且这种衬底具有低成本、大面积、可重复使用等优点,展示了其优异的性能和应用潜力。

5.2　创新性成果

本文着眼于表面等离激元光学的研究前沿,理论上融合表面等离激元模式杂化原理和级联场增强原理,紧密结合制备工艺的研究,构筑并实现了以 M 光栅和 PIC 阵列为代表的两种典型的模式杂化耦合的多尺度级联场增强纳米体系,展现了优异的近远场特性,在 SERS 实验中获得了不低于 $10^7 \sim 10^8$ 的增强因子和 0.02μM/L 的超低浓度检测下限。主要创新点如下:

（1）理论上,融合模式杂化和级联场增强原理,构筑了 LSPR 模式杂化、以及 LSPR 模式和腔模式杂化的两类多尺度级联场增强纳米体系,实现了对远场共振光谱、以及近场热点局域和增强因子的深度调控。在 M 面型光栅中,实现了 30nm 间隙的 V 型槽中高达 700 倍的场增强;在 PIC 纳米天线阵列中,通过产生法诺共振促进级联场增强过程,实现了高达 10^3 的场增强因子。且两种结构中都可对场热点的空间分布进行精细调控。

（2）工艺上,以室温纳米压印技术结合多参数各向异性刻蚀技术为工艺主线,研究解决了针对多尺度纳米结构加工的若干关键工艺难题,包括光刻胶剩余、保真性刻蚀、多尺度刻蚀等,并以此为基础实现了 M 面型光栅和 PIC 纳米天线阵列的高质量制备。这一工艺路线具有很好的可控性、可靠性和通用性,为具有极限小尺寸的多种多尺度纳米结构的大面积、低成本、稳定可控的高质量制备提供了重要技术基础。

（3）在 SERS 应用中,将构筑的 M 面型光栅和 PIC 纳米天线阵列用作 SERS 衬底,实现了不低于 $10^7 \sim 10^8$ 的 SERS 增强因子,比前人针对类似结构的实验结果高出 $3 \sim 4$ 个数量级;M 光栅衬底还获得了 0.02μM/L 的超低检出限,已接近单分子探测水平。此外,这类高活性 SERS 衬底可重复使用、易于复制、具有大面积的均匀性,因此具有很好的应用前景。

5.3　研　究　展　望

在本文现有工作基础上,可在以下几方面开展进一步的深入研究。

(1)构筑其他模式杂化耦合类型的多尺度级联场增强纳米体系

如第 1 章所述,模式杂化体系的类型很多,而本文中只研究了两种典型的体系。在以后的工作中,可以对其他类型的模式杂化体系开展研究。例如,周期性结构(如光栅)中具有很多独特的共振效应,如瑞利反常、布拉格效应、介质光栅中的导波模共振、金属光栅中的表面等离激元共振等,将这些大周期的光栅的集体共振效应与尺寸比周期小一到两个量级的纳米天线的 LSPR 模式强烈耦合,会产生一些新颖的近远场特性。例如,在凹形光栅槽中放入金纳米颗粒,通过凹形槽引导纳米颗粒的定向排布,使得光栅的辐射共振模式与纳米颗粒链的局域 LSPR 模式产生强耦合,从而生成高品质因子的窄带法诺共振;还可以通过对纳米颗粒的大小和间距调控,对共振峰的位置和品质因子进行精细调控;同时,还能通过级联场增强效应,实现纳米颗粒细小间隙中的高度场热点局域。

(2)拓展多尺度结构的加工工艺

本文研究的多尺度结构的可控制备工艺和方法,可以进一步拓展到其他类型的复杂纳米结构的加工制备中。例如,我们正在研究一种将法布里-帕罗金属微腔与锥形场级联增强结构结合在一起,构成"松树形"的多尺度金属纳米天线阵列。基于本文研究的加工方法,可以通过控制侧向和纵向刻蚀速率、控制掩模物化性能的转变、调整中间波导材料与金的刻蚀选择比、控制表面态、控制等离子体离子能量和化学平衡等手段,实现这种复杂多尺度结构的刻蚀制备。

(3)拓展多尺度级联场增强结构在其他领域的应用

本文中展示了构筑的两种多尺度级联场增强结构具有优异的近远场光学特性,并展现了它们在 SERS 中的应用潜力。但这种基于场热点增强的光与物质相互作用还可以应用于其他多个领域。例如,基于 PIC 纳米天线阵列等多尺度结构中产生的高品质因子的法诺共振,可在高灵敏度折射率传感中获得重要应用;基于场热点的增强效应,通过将多尺度结构和其他材料结合,有望在光催化、光致发光、增强光学非线性、增强光能吸收等领域获得重要应用。

参 考 文 献

[1] Novotny L, Hetch B. Principles of nano-optics. 2006: Cambridge University Press.

[2] Maier S A. Plasmonics: Fundamentals and apllications. 2007: Springer.

[3] Shahbazyan T V, Stockman M I. Plasmonics: theory and applications. 2013: Springer.

[4] Jasperson S N, Schnatterly S E. Photon-surface-plasmon coupling in thick Ag foils. Phys Rev, 1969, 188(2): 759-770.

[5] Kelly K L, Coronado E, Zhao L, et al. The optical properties of metal nanoparticles: the influence of size, shape, and dielectric environment. J Phys Chem B, 2003, 107(3): 668-677.

[6] Zayats A, Richards D. Nano-optics and near-field optical microscopy. 2009: Artech House.

[7] Wu H J, Henzie J, Lin W C, et al. Membrane-protein binding measured with solution-phase plasmonic nanocube sensors. Nat Meth, 2012, 9(12): 1189-1191.

[8] Stewart M E, Anderton C R, Thompson B L, et al. Nanostructured plasmonic sensors. ChemRev, 2008, 108(2): 494-521.

[9] Fang Z, Zhu X. Plasmonics in nanostructures. Adv Mat, 2013, 25(28): 3840-3856.

[10] Lindquist N C, Nagpal P, McPeak K M, et al. Engineering metallic nanostructures for plasmonics and nanophotonics. Rep Prog Phys, 2012, 75(3): 036501.

[11] Odom, T W, Schatz G C. Introduction to plasmonics. Chem Rev, 2011, 111(6): 3667-3668.

[12] Bliokh K Y, Bliokh Y P, Valentin F, et al. Colloquium: Unusual resonators: plasmonics, metamaterials, and random media. Rev Mod Phys, 2008, 80(4): 1201-1213.

[13] Bonnell D A, Basov D N, Matthias B, et al. Imaging physical phenomena with local probes: from electrons to photons. Rev Mod Phys, 2012, 84(3): 1343-1381.

[14] Shan X N, Díez-Pérez I, Wang L, et al. Imaging the electrocatalytic activity of

single nanoparticles. Nat Nanotechnol, 2012, 7(10): 668-672.

[15] Viarbitskaya S, Teulle A, Renaud M, et al. Tailoring and imaging the plasmonic local density of states in crystalline nanoprisms. Nat Mat, 2013, 12 (5): 426-432.

[16] Le Sage D, Arai K, Glenn D R, DeVience S J, et al. Optical magnetic imaging of living cells. Nature, 2013, 496(7446): 486-489.

[17] Nieder J B, Bittl R, Brecht M. Fluorescence studies into the effect of plasmonic interactions on protein function. Angew Chem Intern Ed, 2010, 49 (52): 10217-10220.

[18] Gérard D, Wenger J M, Nicolas B, et al. Nanoaperture-enhanced fluorescence: towards higher detection rates with plasmonic metals. Phys Rev B, 2008, 77(4): 045413.

[19] Butet J, Martin O J F. Nonlinear plasmonic nanorulers. ACS Nano, 2014, 8(5): 4931-4939.

[20] Biris, C G, Panoiu, N C. Nonlinear surface-plasmon whispering-gallery modes in metallic nanowire cavities. Phys Rev Lett, 2013, 111(20): 203903.

[21] Argyropoulos C, Chen P Y, Monticone F, et al. Nonlinear plasmonic cloaks to realize giant all-optical scattering switching. Phys Rev Lett, 2012, 108(26): 263905.

[22] Hedayati M, Faupel F, Elbahri M. Review of plasmonic nanocomposite metamaterial absorber. Materials, 2014, 7(2): 1221-1248.

[23] Watts C M, Liu X, Padilla W J. Metamaterial electromagnetic wave absorbers. Adv, Mat, 2012, 24(23): OP98-OP120.

[24] Aydin K, Ferry V E, Briggs R M, et al. Broadband polarization-independent resonant light absorption using ultrathin plasmonic super absorbers. Nat Commun, 2011, 2: 517-523.

[25] Hedayati K, Javaherirahim M, Mozooni B, et al. Design of a perfect black absorber at visible frequencies using plasmonic metamaterials. Adv Mate, 2011, 23(45): 5410-5414.

[26] Liu N, Mesch M, Weiss T, et al. Infrared perfect absorber and its application as plasmonic sensor. Nano Lett, 2010, 10(7): 2342-2348.

[27] Szeghalmi A, Helgert M, Brunner R, et al. Tunable guided-mode resonance grating filter. Adv Funct Mat, 2010, 20(13): 2053-2062.

[28] Kneipp K, Moskovits M, Kneipp H. Surface-enhanced Raman scattering-physics and applications. 2006: Springer.

[29] Xie W, Walkenfort B, Schlucker S. Label-free SERS monitoring of chemical reactions catalyzed by small gold nanoparticles using 3D plasmonic

superstructures. J Am Chem Soc, 2013, 135(5): 1657-60.

[30] Stockman M I, Shalaev V M, Moskovits M, et al. Enhanced Raman scattering by fractal clusters: scale-invariant theory. Phys Rev B Condens Matter, 1992, 46(5): 2821-2830.

[31] Kneipp K, Wang Y, Kneipp H, et al. Population pumping of excited vibrational states by spontaneous surface-enhanced Raman scattering. Phys Rev Lett, 1996, 76(14): 2444-2447.

[32] García-Vidal F, Pendry J B. Collective theory for surface enhanced Raman scattering. Phys Rev Lett, 1996, 77(6): 1163-1166.

[33] Nie S, Emory S R. Probing single molecules and single nanoparticles by surface-enhanced Raman scattering. Science, 1997, 275: 1102-1106.

[34] Jackson J B, Halas N J. Surface-enhanced Raman scattering on tunable plasmonic nanoparticle substrates. Proc Nat Acad Sci Un St Am, 2004, 101 (52): 17930-17935.

[35] Lodewijks K, Van Willem R, Borghs G, et al. Boosting the figure-of-merit of LSPR-based refractive index sensing by phase-sensitive measurements. Nano Lett, 2012, 12(3): 1655-1659.

[36] Chen H J, Kou X S, Yang Z, et al. Shape- and size-dependent refractive index sensitivity of gold nanoparticles. Langmuir, 2008, 24(10): 5233-5237.

[37] Gallinet B, Martin O J F. Refractive index sensing with subradiant modes: aframework to reduce losses in plasmonic nanostructures. ACS Nano, 2013, 7(8): 6978-6987.

[38] Andersen M L, Stobbe S, Sørensen A, et al. Strongly modified plasmon-matter interaction with mesoscopic quantum emitters. Nat Phys, 2010, 7(3): 215-218.

[39] Chang D E, Rensen S, Hemmer P R, et al. Strong coupling of single emitters to surface plasmons. Phys Rev B, 2007, 76(3): 035420.

[40] Zhou W, Dridi M, Yong S J, et al. Lasing action in strongly coupled plasmonic nanocavity arrays. Nat Nanotechnol, 2013, 8(7): 506-511.

[41] Boriskina S V, Ghasemi H, Chen G. Plasmonic materials for energy: from physics to applications. Mat Today, 2013, 16(10): 375-386.

[42] Wiley B, Sun Y, Xia Y. Synthesis of silver nanostructures with controlled shapes and properties. Acc Chem Res, 2007, 40(10): 1067-1076.

[43] Do Y S, Park J H, Hwang B Y, et al. Plasmonic color filter and its fabrication for large-area applications. Adv Opt Mat, 2013, 1(2): 133-138.

[44] Moskovits M. Persistent misconceptions regarding SERS. Phys Chem Chem Phys, 2013, 15(15): 5301.

［45］ Ward D R, Hüser, F, Pauly F, et al. Optical rectification and field enhancement in a plasmonic nanogap. Nat Nanotechnol, 2010, 5(10): 732-736.

［46］ Stockman M, A fluctuating fractal nanoworld. Physics, 2010, 3, 7-10.

［47］ Krachmalnicoff V, Castanie E, De Wilde Y, et al. Fluctuations of the local density of states probe localized surface plasmons on disordered metal films. Phys Rev Lett, 2010. 105(18): 183901.

［48］ Caze A, Pierrat R, Carminati R, et al. Spatial coherence in complex photonic and plasmonic systems. Phys Rev Lett, 2013, 110(6): 063903.

［49］ Castanie E, Krachmalnicoff V, Caze A, et al. Distance dependence of the local density of states in the near field of a disordered plasmonic film. Opt Lett, 2012, 37(14): 3006-3008.

［50］ Stockman M I. Nanofocusing of optical energy in tapered plasmonic waveguides. Phys Rev Lett, 2004, 93(13): 137404.

［51］ Garcia D A F, Kociak M. Probing the photonic local density of states with electron energy loss spectroscopy. Phys Rev Lett, 2008, 100(10): 106804.

［52］ Stockman M I. Nanoplasmonics: past, present, and glimpse into future. Opt Expr. , 2011, 19(22): 22029-22106.

［53］ Pipino A C, Van Duyne R P, Schatz G C. Surface-enhanced second-harmonic diffraction: Experimental investigation of selective enhancement. Phys Rev B Condens Matter, 1996, 53(7): 4162-4169.

［54］ Konstantatos G, Sargent E H. Nanostructured materials for photon detection. Nat Nanotechnol, 2010, 5(6): 391-400.

［55］ Yao J M, Le A-P, Gray S K, et al. Functional nanostructured plasmonic materials. Adv Mat, 2010, 22(10): 1102-1110.

［56］ Litchinitser N M, Structured Light meets structured matter. Science, 2012, 337(6098): 1054-1055.

［57］ Fan X, Zheng W, Singh D J, Light scattering and surface plasmons on small spherical particles. Light: Sci & App, 2014, 3(6): e179.

［58］ Michael I T, Luk Yanchuk B S, Anomalous light scattering by small particles. Phys Rev Lett, 2006, 97: 263902.

［59］ Lombardi J R, Birke R L A. Unified view of surface-enhanced Raman scattering. AccChem Res, 2009, 42(6): 734-742.

［60］ Rycenga M, Cobley C M, Zeng J, et al. Controlling the synthesis and assembly of silver nanostructures for plasmonic applications. Chem Rev, 2011, 111(6): 3669-3712.

［61］ van Dijk M A, Lippitz M, Orrit M. Far-Field optical microscopy of single metal nanoparticles. Acc Chem Res, 2005, 38(7): 594-601.

[62] Giannini V, Domínguez F, Antonio I, et al. Plasmonic nanoantennas: fundamentals and their use in controlling the radiative properties of nanoemitters. Chem Rev, 2011,111(6): 3888-3912.

[63] He G S, Tan L-S, Zheng Q D, et al. Multiphoton absorbing materials: molecular designs, characterizations, and applications. Chem Rev, 2008, 108(4): 1245-1330.

[64] Le Perchec J, Quemerais P, Barbara A, et al. Why metallic surfaces with grooves a few nanometers deep and wide may strongly absorb visible light. Phys Rev Lett, 2008, 100(6): 066408.

[65] Maier S A, Kik P G, Atwater H A, et al. Local detection of electromagnetic energy transport below the diffraction limit in metal nanoparticle plasmon waveguides. Nat Mater, 2003, 2(4): 229-32.

[66] Kern A M, Meixner A J, Martin O J F. Molecule-dependent plasmonic enhancement of fluorescence and Raman scattering near realistic nanostructures. ACS Nano, 2012, 6(11): 9828-9836.

[67] Kauranen M, Zayats A V. Nonlinear plasmonics. Nat Photon, 2012, 6(11): 737-748.

[68] Wurtz G A, Zayats AV. Nonlinear surface plasmon polaritonic crystals. Laser & Photon Rev, 2008, 2(3): 125-135.

[69] Abb M, Wang Y D, Albella P, et al. Interference, coupling, and nonlinear control of high-order modes in single asymmetric nanoantennas. ACS Nano, 2012, 6(7): 6462-6470.

[70] Genevet P, Tetienne J-P, Gatzogiannis E, et al. Large enhancement of nonlinear optical phenomena by plasmonic nanocavity gratings. Nano Lett, 2010, 10(12): 4880-4883.

[71] Mallick B S, Sergeant P N, Agrawal M, et al. Coherent light trapping in thin-film photovoltaics. MRS Bulletin, 2011, 36(06): 453-460.

[72] Yu Z, Raman A, Fan S P. Fundamental limit of light trapping in grating structures. Opt Expr, 2010, 18(3): A366-80.

[73] Sheng C, Liu H, Wang Y, et al. Trapping light by mimicking gravitational lensing. Nat Photon, 2013, 7(11): 902-906.

[74] Søndergaard T, Bozhevolnyi S I, Novikov S M, et al. Extraordinary optical transmission enhanced by nanofocusing. Nano Lett, 2010, 10(8): 3123-3128.

[75] Duan H, Hu H L, Kumar J, et al. Direct and reliable patterning of plasmonic nanostructures with sub-10-nm gaps. ACS Nano, 2011, 5(9): 7593-7600.

[76] Kumar J, Wei X, Barrow S, et al. Surface plasmon coupling in end-to-end linked

gold nanorod dimers and trimers. Phys Chem Chem Phys, 2013, 15 (12): 4258-4264.

[77] Rahmani M, Yoxall E, Hopkins B, et al. Plasmonic nanoclusters with rotational symmetry: polarization-invariant far-field responsevs changing near-field distribution. ACS Nano, 2013, 7(12): 11138-11146.

[78] Alonso-Gonzalez P, Albella P, Neubrech F, et al. Experimental verification of the spectral shift between near- and far-field peak intensities of plasmonic infrared nanoantennas. Phys Rev Lett, 2013, 110(20): 203902.

[79] Merk V, Kneipp J, Leosson K. Gap size reduction and increased SERS enhancement in lithographically patterned nanoparticle arrays by templated growth. Adv Opt Mat, 2013, 1(4): 313-318.

[80] Choo H, Kim M.-K, Staffaroni M, et al. Nanofocusing in a metal-insulator-metal gap plasmon waveguide with a three-dimensional linear taper. Nat Photon, 2012, 6(12): 838-844.

[81] CaiW, Shin W, Fan S, et al. Elements for plasmonic nanocircuits with three-dimensional slot waveguides. Adv Mat, 2010, 22(45): 5120-5124.

[82] Dionne J A, Sweatlock L A, Atwater H A. Plasmon slot waveguides: towards chip-scale propagation with subwavelength-scale localization. Phys Rev B, 2006, 73(3): 035407.

[83] Sun M T, Zhang Z L, Chen L, et al. Plasmon-driven selective reductions revealed by tip-enhanced Raman spectroscopy. Adv Mat Inter, 2014, 1(5): 1300125.

[84] Jäger S, Kern A M, Hentschel M, et al. Au nanotip as luminescent near-field probe. Nano Lett, 2013, 13(8): 3566-3570.

[85] Huth F, Chuvilin A, Schnell M, et al. Resonant antenna probes for tip-enhanced infrared near-field microscopy. Nano Lett, 2013, 13(3): 1065-1072.

[86] Berweger S, Atkin J M, Olmon R L, et al. Light on the tip of a needle: plasmonic nanofocusing for spectroscopy on the nanoscale. J Phys Chem Lett, 2012, 3(7): 945-952.

[87] Wiener A, Domínguez F, Antonio I, et al. Nonlocal effects in the nanofocusing performance of plasmonic tips. Nano Lett, 2012, 12(6): 3308-3314.

[88] Shen Y, Zhou J Y, Liu T, et al. Plasmonic gold mushroom arrays with refractive index sensing figures of merit approaching the theoretical limit. Nat Commun, 2013, 4: 2381-2389

[89] Pryce I M, Kelaita Y A, Aydin K, et al. Compliant metamaterials for resonantly enhanced infrared absorption spectroscopy and refractive index sensing. ACS Nano, 2011, 5(10): 8167-8174.

[90] Tan Y, He R, Cheng C, et al. Polarization-dependent optical absorption of MoS₂ for refractive index sensing. Sci Rep, 2014, 4: 7523.

[91] Ding W, Zhou L, Chou SY. Enhancement and electric charge-assisted tuning of nonlinear light generation in bipolar plasmonics. Nano Lett, 2014, 14(5): 2822-2830.

[92] Cetin A E, Mertiri A, Huang F M, et al. Thermal tuning of surface plasmon polaritons using liquid crystals. AdvOpt Mat, 2013, 1(12): 915-920.

[93] Chen A Q, Miller R L, DePrince A E, et al. Plasmonic amplifiers: engineering giant light enhancements by tuning resonances in multiscale plasmonic Nanostructures. Small, 2013, 9(11): 1939-1946.

[94] Hasman E. Plasmonics: New twist on nanoscale motors. Nat Nanotechnol, 2010, 5(8): 563-4.

[95] XuN H,Bai B F, Tan Q F, et al. Accurate geometric characterization of gold nanorod ensemble by an inverse extinction/scattering spectroscopic method. Opt Expr, 2013,21(18): 21639-21650.

[96] Xu N H, Bai B F, Tan Q F, et al. Fast statistical measurement of aspect ratio distribution of gold nanorod ensembles by optical extinction spectroscopy. Opt Expr, 2013, 21(18): 2987-3000.

[97] Prodan E V, Radloff C, Halas N J. Hybridization model for the plasmon response of complex nanostructures. Science, 2003, 302(5644): 419-422.

[98] Prodan E V. Theoretical investigations of the electronic structure and optical properties of metallic nanoshells. 2003, Rice University: Houston, Texas.

[99] Nordlander P, Oubre C, Prodan E V, et al. Plasmon hybridization in nanoparticle dimers. Nano Lett, 2004, 4(5): 899-903.

[100] Li K, Stockman M I, Bergman D J. Self-similar chain of metal nanospheres as an efficient nanolens. Phys Rev Lett, 2003, 91(22): 227402.

[101] Bergman D J, Stockman M I. Surface plasmon amplification by stimulated emission of radiation: quantum generation of coherent surface plasmons in nanosystems. Phys Rev Lett, 2003, 90(2): 027402.

[102] Stockman M I, Faleev S V, Bergman D J. Coherent control of femtosecond energy localization in nanosystems. Phys Rev Lett, 2002, 88(6): 067402.

[103] Atkins P, Friedman R. Molecular quantum mechanics, Fourth Edition. 2005: Oxford Unversity Press.

[104] Zuloaga J, Prodan E, Nordlander P. Quantum plasmonics: optical properties and tunability of metallic nanorods. ACS Nano, 2010, 4(9): 5269-5276.

[105] Zuloaga J, Prodan E, Nordlander P. Quantum description of the plasmon

resonances of a nanoparticle dimer. Nano Lett, 2009, 9(2): 887-891.

[106] Chandra M, Dowgiallo A, Knappenberger KL. Magnetic dipolar interactions in solid gold nanosphere dimers. J Am Chem Soc, 2012, 134(10): 4477-4480.

[107] Esteban R, Borisov A G, Nordlander P, et al. Bridging quantum and classical plasmonics with a quantum-corrected model. Nat Commun, 2012, 3: 825.

[108] Hao F, Nehl C L, Hafner J H, et al. Plasmon resonances of a gold nanostar. Nano Lett, 2007, 7(3): 729-732.

[109] Suh J Y, Huntington M D, Kim C, et al. Extraordinary nonlinear absorption in 3D bowtie nanoantennas. Nano Lett, 2012, 12(1): 269-274.

[110] Suh J Y, Huntington M D, Kim C, et al. Plasmonic bowtie nanolaser arrays. Nano Lett, 2012, 12(11): 5769-5774.

[111] Hentschel M, Schäferling M, Weiss T, et al. Three-dimensional chiral plasmonic oligomers. Nano Lett, 2012, 12(5): 2542-2547.

[112] Koenderink A F, Polman F. Complex response and polariton-like dispersion splitting in periodic metal nanoparticle chains. Phys Rev B, 2006, 74(3): 033402.

[113] Gorodetski Y, Biener G, Niv A, et al. Space-variant polarization manipulation for far-field polarimetry by use of subwavelength dielectric gratings. Opt Lett, 2005, 30(17): 2245-2247.

[114] Fofang N T, Grady N K, Fan Z, et al. Plexciton dynamics: exciton-plasmon coupling in a J-Aggregate-Au nanoshell complex provides a mechanism for nonlinearity. Nano Lett, 2011, 11(4): 1556-1560.

[115] Li J, Dong S Y, Yang Z L, et al. Extraordinary enhancement of Raman scattering from pyridine on single crystal Au and Pt electrodes by shell-isolated Au nanoparticles. J Am Chem Soc, 2011, 133(40): 15922-15925.

[116] Halas N. Playing with plasmons: tuning the optical resonant properties of metallic nanoshells. MRS Bulletin, 2005, 30(5): 362-367.

[117] Kuzyk A, Schreiber R, Fan Z Y, et al. DNA-based self-assembly of chiral plasmonic nanostructures with tailored optical response. Nature, 2012, 483(7389): 311-314.

[118] You E-A, Zhou W, Suh J Y, et al. Polarization-dependent multipolar plasmon resonances in anisotropic multiscale Au particles. ACS Nano, 2012, 6(2): 1786-1794.

[119] Zhao J, Frank B, Burger S, et al. Large-area high-quality plasmonic oligomers fabricated by angle-controlled colloidal nanolithography. ACS Nano, 2011, 5(11): 9009-9016.

[120] Hentschel M, Dregely D, Vogelgesang R, et al. Plasmonic oligomers: the role

of individual particles in collective behavior. ACS Nano, 2011, 5（3）: 2042-2050.

[121] Liu N, Hentschel M, Weiss T, et al. Three-dimensional plasmon rulers. Science, 2011, 332(6): 1407-1410.

[122] Liu N, Liu H, Zhu S N, et al. , Stereometamaterials. Nat Photon, 2009, 3(3): 157-162.

[123] Ameling R, Giessen H. Microcavity plasmonics: strong coupling of photonic cavities and plasmons. Laser & Photon Rev, 2013, 7(2): 141-169.

[124] Schmidt M A, Lei D Y, Wondraczek L, et al. Hybrid nanoparticle-microcavity-based plasmonic nanosensors with improved detection resolution and extended remote-sensing ability. Nat Commun, 2012, 3: 1108.

[125] Riedrich-Möller J, Kaura K, Christian H, et al. One- and two-dimensional photonic crystal microcavities in single crystal diamond. Nat Nanotechnol, 2011, 7(1): 69-74.

[126] Bulgarini G, Kipfstuhl L, Hepp C, et al. Nanowire waveguides launching single photons in a Gaussian mode for ideal fiber Coupling. Nano Lett, 2014, 14(7): 4102-4106.

[127] Feng S, Zhang X, Klar P J. Waveguide Fabry-Pérot microcavity arrays. Appl Phys Lett, 2011, 99(5): 053119.

[128] Davoyan A R, Shadrivov I V, Zharov A A, et al. Nonlinear nanofocusing in tapered plasmonic waveguides. Phys Rev Lett, 2010, 105(11): 116804.

[129] Février M, Gogol P, Aassime A, et al. Giant coupling effect between metal nanoparticle chain and optical waveguide. Nano Lett, 2012, 12(2): 1032-1037.

[130] Bai B, Li X, Vartiainen I, et al. Anomalous complete opaqueness in a sparse array of gold nanoparticle chains. Appl Phys Lett, 2011, 99(8): 081911.

[131] Albaladejo S, Sáenz J J, Marqués M I. Plasmonic nanoparticle chain in a light field: aresonant optical sail. Nano Lett, 2011, 11(11): 4597-4600.

[132] Shitrit N, Bretner I, Gorodetski Y, et al. Optical spin Hall effects in plasmonic chains. Nano Lett, 2011, 11(5): 2038-2042.

[133] Li X. , Xiao D, Zhang Z. Landau damping of quantum plasmons in metal nanostructures. New JPhys, 2013, 15: 023011.

[134] Tsu, R. Landau Damping and dispersion of phonon, plasmon, and photon waves in polar semiconductors. Phys Rev, 1967, 164(2): 380-383.

[135] Liu N, Langguth L, Weiss T, et al. Plasmonic analogue of electromagnetically induced transparency at the Drude damping limit. Nat Mat, 2009, 8（9）: 758-762.

[136] Dahmen C, Schmidt B, von Plessen G. Radiation damping in metal nanoparticle pairs. Nano Lett, 2007, 7(2): 318-322.

[137] Sönnichsen C, Franzl T, Wilk T, et al. Drastic reduction of plasmon damping in gold nanorods. Phys Rev Lett, 2002, 88(7): 077402.

[138] Halas N J, Surbhi L, Chang W S, et al. Plasmons in strongly coupled metallic nanostructures. Chem Rev, 2011, 111(6): 3913-3961.

[139] Fano U. Effects of configuration interaction on intensities and phase shifts. Phys Rev, 1961, 124(6): 1866-1878.

[140] Luk'Yanchuk B, Zheludev N I, Maier S A, et al. The Fano resonance in plasmonic nanostructures and metamaterials. Nat Mat, 2010, 9(9): 707-715.

[141] Miroshnichenko A E, Flach S, Kivshar Y S. Fano resonances in nanoscale structures. Rev Mod Phys, 2010, 82: 2257-2298.

[142] Hao F, Sonnefraud Y, Van Dorpe P, et al. Symmetry breaking in plasmonic nanocavities: subradiant LSPR sensing and a tunable Fano resonance. Nano Lett, 2008, 8(11): 3983-3988.

[143] Zhang S, Dentcho A G, Wang Y, et al. Plasmon-induced transparency in metamaterials. Phys Rev Let, 2008, 101: 047401.

[144] Verellen N, Sonnefraud Y, Sobhani H, et al. Fano resonances in individual coherent plasmonic nanocavities. Nano Lett, 2009, 9(4): 1663-1667.

[145] Fan J A, Wu C, Bao K, et al. Self-assembled plasmonic nanoparticle clusters. Science, 2010, 328(5982): 1135-1138.

[146] Ding B, Deng Z C, Hao Y, et al. Gold nanoparticle self-Similar chain structure organized by DNA origami. J Am Chem Soc, 2010, 132(10): 3248-3249.

[147] Hoppener C, Lapin Z J, Bharadwaj P, et al. Self-similar gold-nanoparticle antennas for a cascaded enhancement of the optical field. Phys Rev Lett, 2012, 109(1): 017402.

[148] Stockman M I, Faleev SV, Bergman D J. Localization versus delocalization of surface plasmons in nanosystems: can one state have both characteristics? Phys Rev Lett, 2001, 87(16): 167401.

[149] Toroghi S, Kik P G. Cascaded field enhancement in plasmon resonant dimer nanoantennas compatible with two-dimensional nanofabrication methods. Appl PhysLett, 2012, 101(1): 013116.

[150] Kravets V G, Zoriniants G, Burrows C P, et al. Cascaded optical field enhancement in composite plasmonic nanostructures. Phys Rev Lett, 2010, 105: 246806.

[151] Kravets V G, Zoriniants G, Burrows C P, et al. Composite Au nanostructures

for fluorescence studies in visible light. Nano Lett, 2010, 10(3): 874-879.

[152] Chirumamilla M, Toma A, Gopalakrishnan A, et al. 3D nanostar dimers with a sub-10-nm gap for single-/few-molecule surface-enhanced Raman scattering. Adv Mat, 2014, 26(15): 2353-2358.

[153] Duan H, Domínguez F, Antonio I, et al. Nanoplasmonics: classical down to the nanometer scale. Nano Lett, 2012, 12(3): 1683-1689.

[154] Siegfried T, Ekinci Y, Martin O J F, et al. Gap plasmons and near-field enhancement in closely packed sub-10nm gap resonators. Nano Lett, 2013, 13(11): 5449-5453.

[155] Siegfried T, Ekinci Y, Martin O J F, et al. Engineering metal adhesion layers that do not deteriorate plasmon resonances. ACS Nano, 2013, 7 (3): 2751-2757.

[156] Chou S Y, Preston P R K. Imprint lithography with 25-nanometer resolution. Science, 1996, 272: 85-87.

[157] Ofir Y, Moran I W, Subramani C, et al. Nanoimprint lithography for functional three-dimensional patterns. Adv Mat, 2010, 22(32): 3608-3614.

[158] Boltasseva A. Plasmonic components fabrication via nanoimprint. J. Opt. A Pure Appl. Opt. , 2009, 11: 114001.

[159] Lucas B D, Kim J-S, Chin C, et al. Nanoimprint lithography based approach for the fabrication of large-area, uniformly-oriented plasmonic arrays. Adv Mat, 2008, 20(6): 1129-1134.

[160] Kumar K, Duan H, Hegde R S, et al. Printing colour at the optical diffraction limit. Nat Nanotechnol, 2012, 7(9): 557-561.

[161] Ahn B Y, Duoss E B, Motala M J, et al. Omnidirectional printing of flexible, stretchable, and spanning silver microelectrodes. Science, 2009, 323(5921): 1590-1593.

[162] Kraus T, Malaquin L, Schmid H, et al. Nanoparticle printing with single-particle resolution. Nat Nanotechnol, 2007, 2(9): 570-576.

[163] Liu Z, Bucknall D, Allen M G. Inclined nanoimprinting lithography-based 3D nanofabrication. J Micromechan Microengin, 2011, 21: 065036.

[164] Schnell M, Alonso-González P, Arzubiaga L, et al. Nanofocusing of mid-infrared energy with tapered transmission lines. Nat Photon, 2011, 5 (5): 283-287.

[165] Johnson P B, Christy RW. Optical Constants of the Noble Metals. Phys Rev B, 1972, 6(12): 4370-4379.

[166] Edelson E D, Flamm D L. Computer simulation of a CF_4 plasma etching silicon.

J Appl Phys, 1984, 56: 1522.

[167] Richard A G, Jurgensen C W, Vitkavage D J. Microscopic uniformity in plasma etching. J Vac Sci & Technol B, 1992, 10: 2133.

[168] Cardinaud C M, Peignon P, Tessier P. Plasma etching: principles, mechanisms, application to micro- and nano-technologies. Appl Surf Sci, 2000, 164: 72-83.

[169] Drotar T J, Zhao Y, Lu T M. Mechanisms for plasma and reactive ion etch-front roughening. Phys Rev B, 2000, 61(4): 3012-3021.

[170] Kelf T A, Sugawara Y, Baumberg J J, et al. Plasmonic band gaps and trapped plasmons on nanostructured metal surfaces. Phys Rev Lett, 2005, 95(11): 116802.

[171] Kelf T A, Sugawara Y, Cole R M C, et al. Localized and delocalized plasmons in metallic nanovoids. Phys Rev B, 2006, 74(24): 245415.

[172] Kelf T A, Tanaka Y, Matsuda O, et al. Ultrafast vibrations of gold nanorings. Nano Lett, 2011, 11(9): 3893-3898.

[173] Cole R M, Baumberg J J, De Garcia F J A, et al. Understanding plasmons in nanoscale voids. Nano Lett, 2007, 7(7): 2094-2100.

[174] Huang F M, Wilding D, Speed J D, et al. Dressing plasmons in particle-in-cavity architectures. Nano Lett, 2011, 11(3): 1221-1226.

[175] Mansky P, Liu Y, Huang E, et al. Controlling polymer-surface interactions with random copolymer brushes. Science, 1997, 275(5305): 1458-1460.

[176] Cain S R, Egitto FD, Emmi F. Relation of polymer structure to plasma etching behavior: role of atomic fluorine. J Vac Sci & Technol A, 1987, 5: 1578.

在学期间发表的学术论文与
科研成果

攻读博士学位期间发表的学术论文

[1] Zhu Z D, Bai B F, You O B, Li Q Q, Fan SS. Fano-resonance boosted cascaded fieldenhancement in a plasmonic nanoparticle-in-cavitynanoantenna array and its SERS application. *Light：Science & Applications*, 2015, 4：e296.（SCI 收录，检索号：，影响因子：8.475）

[2] Zhu Z D, Bai B F, Duan H G, Zhang H S, Zhang M Q, You O B, Li Q Q, Tan Q F, Wang J, Fan S S, Jin G F. M-grating by nanoimprinting：a replicable, large-area, and highly-active plasmonic SERS Substrate with tiny nanogaps. *Small*, 2014, 10：1603-1611.（SCI 收录,检索号：AE8VH,影响因子：7.514）

[3] Zhu Z D, Li Q Q, Bai B F, Fan SS. Reusable three-dimensional nanostructuredsubstrates for surface-enhanced Raman scattering. *Nanoscale Research Letters*, 2014, 9：25.（SCI 收录，检索号：304CD,影响因子：2.481）

[4] Zhang M Q, Wang R, Zhu Z D, Wang J, Tian Q. Experimental research on the spectralresponse of tips for tip-enhanced Ramanspectroscopy. *Journal of Optics*. 2013,15：055006(SCI 收录,检索号：152TZ,影响因子：2.010).

[5] Zhu J, Zhang H S, Zhu Z D, Jin G F. Surface-plasmon-enhanced GaN-LED based on the multilayered rectangular nano-grating. *Optics Communications*, 2014, 322：66-72.（SCI 收录,检索号：AH1ND,影响因子：1.542).

[6] Zhang H S, Zhu J, Zhu Z D, Jin Y H, Li Q Q, Jin G F. Surface plasmon enhanced GaN-LED based on a multilayered M-shaped nano-grating. *Optics Express*, 2013, 21：13492-13501.（SCI 收录，

检索号:156II,影响因子:3.525).

[7] Jin Y, Yang F L, Li Q Q, Zhu Z D, Zhu J, Fan S S. Enhanced light extraction from a GaN-based green light-emitting diode with hemicylindrical linear grating structure. *Optics Express*, 2012, 20: 15818-15825. (SCI 收录,检索号:971BF,影响因子:3.525).

研 究 成 果

攻读博士学位期间,以第一发明人申请和已授权与本文课题相关专利共 34 项,其中授权专利 7 项,已公开专利 9 项,未公开的专利 18 项。

授权专利 7 项:

[1] Zhu Z D, Li Q Q, Fan S S, et al. Method for making grating: USA No. 8801946 B2.

[2] Zhu Z D, Li Q Q, Fan S S, et al. Method for making three-dimensional nano-structure array: USA, No. 8501020 B2.

[3] Zhu Z D, Li Q Q, Fan S S, et al. Light emitting diode with three-dimensional nano-structures: USA, No. 8624285 B2.

[4] Zhu Z D, Li Q Q, Fan S S, et al. Manufacturing method of grating: USA, No. 8821743 B2.

[5] Zhu Z D, Li Q Q, Fan S S, et al. Method for detecting single molecule: USA, No. 8502971 B2.

[6] 朱振东,李群庆,范守善等,三维纳米结构阵列的制备方法,中国,CN103030107B.

[7] 朱振东,李群庆,范守善等,三维纳米结构阵列,中国,CN103030106B.

已公开专利 9 项:

[8] 朱振东,李群庆,白本锋、范守善. 金属光栅的制备方法,中国,CN104459852A.

[9] 朱振东,李群庆,白本锋、范守善. 金属光栅,中国,CN104459854A.

[10] 朱振东,李群庆,白本锋、范守善. 金属光栅的制备方法,中国,CN104459855A.

[11] 朱振东,李群庆,白本锋、范守善. 金属光栅的制备方法,中国,

CN104459853A.

[12] Zhu Z D, L Q Q., Bai B F, Fan S S. Method of manufacturing metal grating 20150087141 A1.

[13] Zhu Z D, L Q Q., Bai B F, Fan S S. Methods of Hollow Grating: USA, No. 2015/0085364 A1.

[14] Zhu Z D, L Q Q., Bai B F, et al. Method of manufacturinghowllow-structure metal grating: USA, No. 20150087152 A1.

[15] Zhu Z D, L Q Q., Bai, B F, et al. Method of manufacturing howllow-structure metal grating: USA, No. 20150087153 A1.

[16] Zhu Z D, L Q Q., Bai B F, Fan S S. Howllow-structure metal grating: USA, No. 20150085364 A1.

未公开的专利 18 项:

[17] 朱振东,李群庆,白本锋,范守善. 碗状金属纳米结构的制备方法,中国,201410031509.2.

[18] 朱振东,李群庆,白本锋,范守善. 碗状金属纳米结构,中国,201410031573.0.

[19] 朱振东,李群庆,白本锋,范守善. 拉曼检测系统,中国,201410031595.7.

[20] 朱振东,李群庆,白本锋,范守善. 金属光栅的制备方法,中国,201310429909.4.

[21] 朱振东,李群庆,白本锋,范守善. 金属光栅的制备方法,中国,201310429906.0.

[22] 朱振东,李群庆,白本锋,范守善. 金属光栅,中国,201310429907.5.

[23] 朱振东,李群庆,白本锋,范守善. 碗状金属奈米结构阵列的制备方法,TW,103104491.

[24] 朱振东,李群庆,白本锋,范守善. 碗状金属奈米结构,TW,201310429909.4.

[25] 朱振东,李群庆,白本锋,范守善. 金属光栅的制备方法,TW,103104490.

[26] 朱振东,李群庆,白本锋,范守善. 碗状金属奈米结构,TW,103104490.

[27] 朱振东,李群庆,白本锋,范守善. 拉曼检测系统,TW,103104489.

[28] 朱振东,李群庆,白本锋等. 金属光栅的制备方法,TW,201310429909.4.

[29]　朱振东,李群庆,白本锋等. 金属光栅,TW, 102134922.

[30]　朱振东,李群庆,白本锋等. 金属光栅的制备方法,TW, 102134923.

[31]　朱振东,李群庆,白本锋等. 金属光栅的制备方法,TW, 102134921.

[32]　Zhu Z D, Li Q Q, Bai B F, Fan S S. Method of manufacturing hollow-structure metal grating, USA, No. 2014262808.

[33]　Zhu Z D, Li Q Q, Bai B F, Fan S S. Method of manufacturing hollow-structure metal grating, USA, No. 2014262809.

[34]　Zhu Z D, Li Q Q, Bai B F, Fan S S. Hollow-structure metal grating, USA, No. 2014262811.

致　　谢

衷心感谢导师白本锋老师对本人的精心指导，他的言传身教将使我终生受益。入学四年来，白老师是良师，悉心地讨论学术问题，告诫我严谨治学是学术研究的根本；白老师也是益友，给予我生活中极大帮助和鼓励。

衷心感谢金国藩院士、谭峭峰老师，是金老师和谭老师将我引入光彩世界，引导我走上光学研究的道路。

衷心感谢王佳老师和蔼可亲的教诲和悉心指导。衷心感谢光电工程研究所所有老师，李立峰老师、曾理江老师、朱钧老师、曹良才老师等在这四年里对我的无私关怀，让我有信心做好研究工作。

感谢清华富士康纳米研究中心范守善院士、李群庆老师提供的工作平台。感谢各位同仁协作与帮助。

感谢实验室游欧波、张明倩、武晓宇、周哲海、张淏酥、王绮霞等同学，在研究工作中给予的热情帮助。

衷心感谢我的儿子、我的爱人、家人多年来的不懈鼓舞和大力支持，给了我科研动力和勇气！

本课题承蒙国家自然科学基金（11474180 和 61227014）的资助，特此致谢。